"地球"系列

THE
LIGHTNING

闪电

[英] 德里克·M. 埃尔瑟姆◎著

邹厚民◎译

上海科学技术文献出版社

Shanghai Scientific and Technological Literature Press

图书在版编目（CIP）数据

闪电／（英）德里克·M.埃尔瑟姆著；邹厚民译 . —上海：
上海科学技术文献出版社，2023
　（地球系列）
　ISBN 978-7-5439-8679-4

　Ⅰ.① 闪…　Ⅱ.① 德…② 邹…　Ⅲ.① 闪电—普及读
物　Ⅳ.① P427.32-49

中国版本图书馆 CIP 数据核字 (2022) 第 192554 号

Lightening

Lightening by Derek M. Elsom was first published by Reaktion Books in the Earth series, London, UK, 2015. Copyright © Derek M. Elsom 2015

Copyright in the Chinese language translation (Simplified character rights only) © 2022 Shanghai Scientific & Technological Literature Press

All Rights Reserved
版权所有，翻印必究

图字：09-2020-503

选题策划：张　树　　　　责任编辑：姜　曼
助理编辑：仲书怡　　　　封面设计：留白文化

闪　电
SHANDIAN

[英]德里克·M.埃尔瑟姆　著　　邹厚民　译
出版发行：上海科学技术文献出版社
地　　址：上海市长乐路 746 号
邮政编码：200040
经　　销：全国新华书店
印　　刷：商务印书馆上海印刷有限公司
开　　本：890mm×1240mm　1/32
印　　张：6.25
字　　数：115 000
版　　次：2023 年 1 月第 1 版　2023 年 1 月第 1 次印刷
书　　号：ISBN 978-7-5439-8679-4
定　　价：58.00 元
http://www.sstlp.com

谨以此书献给我的妻子伊丽莎白

目　录

序　　　　　　　　　　　　　　　　　　　　　　　　I

第 1 章　神话故事中的闪电　　　　　　　　　　I

第 2 章　畏惧闪电：霹雳石和护身符　　　　　38

第 3 章　闪电的本质与科学　　　　　　　　　57

第 4 章　闪电对人类活动的威胁　　　　　　100

第 5 章　文学、艺术等大众文化中的闪电　　163

序

雷，声势浩大，令人难忘；然而真正起作用的却是闪电。

雷暴会产生闪电和雷声。虽然雷声会震得窗户咔嗒响，触发车辆警报，或听起来让人害怕，但是严重破坏和扰乱我们的生活，甚至直接造成伤亡的，却是闪电。闪电虽然看起来惊人的美丽，但也很危险。全世界每天约有 400 万次闪电，因此这是一个值得我们重视的气象威胁。

本书反映了我对闪电的毕生兴趣，它是大自然令人惊叹的烟火表演。每道闪电在形状、组成和颜色上，都是独一无二的。对闪电的迷恋激发我去了解过去和现在的神话、传说、科学和艺术是如何展现闪电的。

同时，本书也探讨了人们对闪电态度的转变。早期文明中，人们普遍认为闪电太过强大，只有神才能产生和控制它。他们创造了各式各样的雷神、闪电神或风暴神，每种神都有各自产生闪电的方式。到了中世纪，有

美国内华达州超级单体雷暴中令人印象深刻的闪电

I

关古老神灵的民间传说在一些人当中得到了保留。因此，人们用民间传说中的物品，如"霹雳石"、某些植物和其他被认为具有神力的物品，来保护家人和家园免受雷击。

在中世纪，人们担心闪电会被巫师等邪恶人士操控，这导致其中许多巫师受到谴责，遭受酷刑并被处死。尽管在18世纪时，欧洲和北美洲结束了对巫师的迫害，但世界各国一些比较守旧的群体，仍然相信巫师能操控闪电。

自18世纪中叶以来，科学帮助解释了闪电的本质与形成。科学家证实闪电是一种电流（最初被通俗地称为"放电液体"），我们能开发出将闪电造成的损害和破坏降至最低的方法。本书阐述了闪电的形成过程，以及当闪电对森林、建筑、电源、飞机和宇宙飞船造成威胁时，我们应采取何种措施。

此外，本书也探讨了我们被闪电击中的风险、被雷击概率最小化的方法，以及应在哪些地点避雷。这将有助于读者在遭遇雷暴时，避免在错误的时间出现在错误的地点。

最后，本书概述了闪电如何渗透到艺术、文学等大众文化中，并举例说明了日常表达、书籍、电影、绘画和雕塑中的闪电元素。

本书涉及与闪电有关的许多领域。对于想更多地了解某个特定领域的读者来说，我希望本书成为大家了解并欣赏闪电的开端。

第 1 章　神话故事中的闪电

在早期文明中，人们认为闪电如此强大和骇人，只有神才能产生并释放闪电。雷、电等自然力量在创作故事和神话中都有体现。许多文化里，人们认为闪电是风暴神在天空中投掷的火石武器（即闪电武器）的目视标志，而雷声则是它向地面猛冲时产生的巨大声响。在其他文化里，有些认为神的鞭子或弹弓能释放出独特的闪电和雷声，而有些认为雷声其实是击鼓声、风暴神战车车轮转动声或是怒吼声。还有的文化认为，巨型雷鸟的眼睛能射出闪电，翅膀能拍打出雷声。

尽管长达数个世纪里，一些早期文化和文明在大陆范围内扩大了自身影响力，但世界上有许多文明，其控制的地区有限，并且仅持续一两个世纪。在这些独立的领地或城邦中，人们通常说着独有的语言，发展自己的神话体系。他们创作的神话和民间传说受到很多因素的影响：当地自然环境、气候、面临的危险以及滋养和维持其群体生存的主要方式等。他们的规模不大，与邻近文化进行交流和贸易都很困难，发展进程缓慢，更不用说接触到较遥远

图为新墨西哥州德明市附近的闪电

的文化了。不过，小规模文化和文明往往总人数庞大，种类很多，因此全世界的神话传说中出现了数以百计的雷神和闪电神。其中只有一小部分为人熟知，而其余的则鲜有文献记载，或已完全被遗忘。

　　某些雷神、闪电神或风暴神有着独一无二的外形，但另一些看上去则很相似。造成这种相似性的原因之一在于，外来征服者会接管原有文化中的神灵，同时在此基础上赋予他们新的名字，并编纂到自己的文化构成中，

亚述神话故事中的雷神，手持闪电和单刃斧

这种做法在征服者当中并不少见。他们通过调整神灵的力量、行为、形象和人们对神灵的敬奉行为，来更好地达到自己的目的。随着时间的推移，交流方式和贸易路线得到改善，不同文明也倾向于以和平的方式分享关于风暴神的想法和信仰。因此，不同文化相互融合，并在接受新知识和新思想后，不断完善神话传说中神灵的形象。

有时，神话故事中的风暴神不仅掌管闪电，还会承担更多的责任，如掌管降雨和风暴、左右战争结果（显示闪电巨大而可怕的力量）和丰收情况（输送雷雨中维持生命所需的雨水）等。无论风暴神是否负有这些责任，人们都会通过仪式、祭品（有时是人和动物）来敬奉神灵，以寻求神灵的怜悯，为他们的人生提供干预和建议，或只是安抚神灵的愤怒。本章探讨了记录较完好的风暴神神话和相关描述，比如他们使用的闪电武器、如何产生闪电和雷鸣等。

古代美索不达米亚

美索不达米亚位于底格里斯河和幼发拉底河之间，现为伊拉克境内，土地曾十分肥沃。一些已知最早的雷神和闪电神，十分强大，充满阳刚之气，而美索不达米亚历代兴盛的文明和帝国都会敬奉他们。起初，大约在公元前3500年，苏美尔独立城邦发展起来。然后，在公元前 2350 年至公元前 2150 年间，阿卡德人统一了苏美尔。随后，又出现了赫梯人、亚述人和巴比伦人。虽然文化不断改变，但这些帝国信奉的众神延续了下来，即使神灵在不同文化里的相对重要性、敬奉习俗和首选称呼会随着时间的推移而改变。在苏美尔、阿卡德、亚述和巴比伦文明的更替中，风暴神的名字各不相同：从阿卡德人的阿达德，到苏美尔人的伊什库尔（或伊斯库尔），从赫梯人的特舒布（该称呼从胡利安人那里吸收而得），到阿拉米人的哈达德。风暴神的名字源于"雷"或者"雷暴"，他们既带来了丰收之雨，也通过闪电和风暴造成了破坏。

巴比伦的守护神马杜克（左）与风暴之神阿达德（右）。图中阿达德双手各拿着一个三叉闪电武器

意大利里瓦德尔加尔
达一座水电站外，手
持闪电束的雕像

在许多纪念碑和圆柱印章上，描绘着美索不达米亚历代风暴神的图像，这揭示了闪电图像不同时期的发展。最初，闪电由两到三条波浪形或锯齿形的线表示，代表闪电从天空中发出的亮光。后来，会有短柄、短把或者较长的权杖，将闪电的底部连接在一起，形成双刺或三叉戟形状，风暴之神可以投掷这种闪电武器。不过，这里的双刺和三叉戟闪电武器不应与海神波塞冬的三叉戟混淆，后者的倒刺通常像鱼叉一样。闪电图像的另一种变化，是两三条波浪形闪电会形成闪电束。闪电束中部经过调整和塑造，形成一个把手，于是单体闪电就形成了，把手两端是跃动的闪电。

　　古希腊人和古罗马人延续了对闪电图像的发展，使
之更简单、更平滑，就像两端各有一个坚硬的飞镖，或
者像一个花苞或花朵，有时还加上了羊角、翅膀和其他
装饰品。所有闪电武器都是可投掷的。在风暴神阿达德
的一些图像中，武器不仅有闪电束，还有斧头，这两种

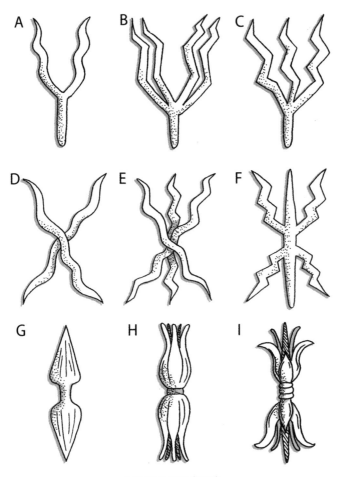

A. 双剌闪电
B. 双重双剌闪电
C. 三叉戟闪电
D 和 E. 闪电束
F. 有把手的闪电束
G. 单体闪电
H 和 I. 花蕾和花朵形
　　闪电

不同阶段的闪电图像

武器都强调了风暴神所拥有的巨大力量。在后来的文化里，例如挪威神话，单刃或双刃斧逐渐代表了强大的闪电，而无须添加更古老的闪电图像。

古希腊与古罗马

公元前800年到公元前146年，随着古希腊文化的兴盛，雷神宙斯也为人所知。在神话故事中，宙斯是众神之父，统领众神。传说，宙斯将三个独眼巨人从地牢中放了出来（独眼巨人是风暴神的一种，精通金属加工）。为了感谢宙斯放了他们，独眼巨人为他锻造了闪电武器，赋予他制造雷电的力量。在图画中，宙斯经常被描绘成两种姿势：一种是站着或右手举着闪电武器大步前进，另一种则是威严地坐着。宙斯也有一些其他象征，如权杖、鹰、聚宝盆、公羊（或公牛）、狮子和橡树。而闪电通常被描绘成武器形状，在宙斯掌控之下的茎状炮弹，或是长有几片叶子或嫩芽的双端花形闪电武器。古希腊人意识到，宙斯不仅用闪电摧毁强大的巨人和怪物，也对地球造成了破坏。建筑物被毁，树木被烧焦，整个森林都被烧毁。宙斯有时甚至允许他的女儿，智慧女神雅典娜使用他的闪电。

在《俄耳甫斯赞美诗》中，就出现了闪电元素：

"强大、辉煌、光明的宙斯，

明亮的雷云，

令人恐惧的雷声响彻云霄，

火热明亮的闪电划破天际……"

在希腊西北部偏远崎岖地区，伊庇鲁斯的多多那，人们十分尊敬宙斯，并将其与橡树紧密联系在一起。这种与橡树的联系延续到了罗马神话中的众神之王朱庇特身上。宙斯和朱庇特都被称为橡树神，经常被描绘成戴着橡树树叶花环的样子。早在公元前 2000 年，伊庇鲁斯就有一片神圣的橡树林和一座敬奉女神狄俄涅的神庙。然而，狄俄涅的重要地位后来被古希腊人用宙斯取代了，狄俄涅也被描述成宙斯的配偶。尽管多多纳最重要的神灵改变了，但类似的敬奉仪式仍然保留了下来。橡树树叶的沙沙声、悬挂在树枝上铜器的叮当声、树林中鸽子的咕咕声，这些声音被赤脚的女祭司解释为神的声音。就像之前的狄俄涅一样，宙斯的声音通过这种仪式为人们所聆听。公元前三世纪，多多那地区声名远扬，因此皮拉斯国王（公元前 319—公元前 272 年）将其作为古希腊的宗教首都，宙斯神庙也因此得到重建，以彰显该地的重大影响力。后来，神庙遭到了侵略军的连续破坏，虽然之后再次重建，但到公元二世纪时，这片神圣的树林仅剩下唯一一棵传达神谕的橡树。最终，这棵古树被罗马皇帝狄奥多西一世（379—395 年）砍倒。

位于希腊南部奥林匹亚的宙斯神庙建于公元前 5 世

**奥林匹亚宙斯神庙里
的木雕**

纪，里面坐落着古代世界七大奇迹之一——著名的宙斯雕像。宙斯坐在精致的宝座上，右手拿着胜利女神奈基的雕塑。宝座上覆盖着黄金、乌木和象牙，并镶嵌着宝石。高约 13 米的宙斯雕像吸引了大批敬奉者。奥林匹亚也是奥林匹克运动会的举办地。奥林匹克运动会由古希腊人发起，每四年举办一次，即使后来希腊在公元前 776

朱庇特手持闪电武器

年至393年被罗马统治，奥运会也没有停止举办。

罗马人吸收了很多希腊神话，尽管他们会对此加以修改以满足自己的需求。因此希腊神话中的宙斯最终变成了至高无上的罗马神朱庇特。希腊神话的影响也显现在朱庇特闪电武器的类似图画中。公元前27年，罗马元老院宣布屋大维为奥古斯都皇帝（公元前27年—14年），罗马帝国正式建立。在接下来的5个世纪里，朱庇特的影响力遍及三大洲。罗马历代皇帝希望子民视其为朱庇特的直接代理人，他们经常头戴橡树叶王冠，以表明与橡树神的密切关系。卡利古拉皇帝（12—41年）甚至有一个机械装置，可以制造出火花和雷鸣。人们认为是朱庇特用闪电武器对抗其他神和凡人。

罗马人深受意大利托斯卡纳地区伊特鲁里亚神话故事的影响。伊特鲁里亚人在公元前600年至公元前480年最具影响力，但最终被征服且并入罗马帝国。伊特鲁里亚神话故事中有许多神，包括他们的风暴神蒂尼斯，蒂尼斯相当于罗马的朱庇特和希腊的宙斯。伊特鲁里亚神话故事的独特之处在于，传说蒂尼斯准许了九位神灵获得投掷闪电的能力。尽管古罗马人视朱庇特为雷神，却有时会把夜间的意外事件归因于苏玛纳斯，他被认为是伊特鲁里亚九位拥有闪电之力的神灵之一。伊特鲁里亚的牧师们用详尽的传说和习俗来解释神的旨意。他们相信神的意志是通过自然世界的各种迹象来体现的，因此他们一丝不苟地分析动物内脏、雷击、浆果和鸟类的飞行，以发现其中蕴藏的神的旨意。伊特鲁里亚人把宗教法则编成了三套书籍。第一套《祭司书》，解释了如何通过研究动物祭品新鲜内脏中的征兆来预测未来。第二套《闪电书》，阐述了用闪电、雷击和雷声占卜的艺术，尤其是在预测好运或厄运方面。第三套《仪规书》，涵盖了更广泛的仪式惯例以及社会问题。

伊特鲁里亚神话中，蒂尼斯使用闪电的目的有三：预示、恐惧和破坏。以预示为目的的闪电蒂尼斯可自行决定使用，以恐惧为目的的闪电需根据神提出的建议来使用，而以毁灭为目的的闪电则需要得到更高级别的命运女神的批准。每次雷击传达的意义有很多：闪电的发出区域、日期、时刻、颜色、持续时间、闪电长度和轨迹，以及闪电击中的地方是公共建筑，还是私人建筑。传说在天空东部看到的闪电代表好运，而来自天空东北部的闪电则尤其代表厄运。古罗马历史学家卢修斯·安纳乌斯·塞内加（公元前4—65年）解释了古罗马人和伊特鲁里亚人之间的区别：古罗马人认为闪电是由云层碰撞引起的，而伊特鲁里亚人则认为云层为了制造闪电才会相撞。换句话说，伊特鲁里亚人把一切都归结于神话传说，并相信事件的发生是为了表达某种意义。

《闪电书》还指示，应将闪电击中的地点掩埋或覆盖起来，并向神献祭一只羊。若闪电是白天发生的，则献祭白羊，反之则黑羊。并且该地点会被一个圆柱形井栏

伊特鲁里亚人根据闪电的很多特征解释其含义，包括闪电从天空发出的区域

（称为闪电井）或多井栏（称为闪电叉）覆盖，被视为神圣之地，不允许任何人践踏或触碰。若一座建筑物被闪电击中，使屋顶上留有一个开口，或者人们会自己在屋顶上开一个洞，这样神就可以随时进入这个他为自己选择的处所。在整个罗马帝国和许多其他文化中，有一个传统，即被闪电杀死的人的尸体不应被移走，而必须埋在死亡的确切地点。因为神的致命火焰已经杀死了他，所以他们不会被火化，以示对神的尊重。掩埋的地点会覆盖上闪电井，闪电井上的铭文意为神的闪电已入土为安。甚至雕像在被雷击后也有埋葬仪式，比如罗马庞贝剧院附近的大力神铜像。

《伊特鲁里亚风镜历法》是一本年历，它揭示了一年中的任何一天的雷声意味着什么。年历中所有的条目都以"如果某月某日打雷"开头，然后是预计会发生的事情。许多年历条目与可能的收成状态有关，例如：

> 如果 7 月 29 日打雷，就意味着丰收。
>
> 如果 9 月 24 日打雷，就有干旱的危险。坚果树会丰收；不过大约在晚秋，它们将被风暴摧毁。

有的条目与战争、内乱、瘟疫、疾病、地震以及其他形式的破坏有关，例如：

> 如果 12 月 24 日打雷，就有内战和森林野兽遭受瘟疫的危险。
>
> 如果 1 月 7 日打雷，就意味着奴隶起义和疾病复发。

有的条目则与个人行为和特征有关：

如果 4 月 18 日打雷，就意味着不和和轻率。

如果 7 月 30 日打雷，一心想复仇的人将陷入最严重的背叛。

如果 8 月 5 日打雷，说明女性比男性更睿智。

如果 8 月 19 日打雷，意味着谋杀。

如果 9 月 6 日打雷，女性的力量会超乎寻常。

如果 10 月 23 日打雷，人们会狂喜。

欧　洲

北欧神话中有许多雷神，包括德国的多纳尔、俄罗斯的佩伦、凯尔特地区的塔拉尼斯和芬兰的乌戈。许多人认为这些神的存在起源于古希腊和古罗马人传播的习俗，不过这些新的风暴神得到了修改，以更好地满足北欧人和他们的习俗需要。影响力最持久的雷神也许是来自斯堪的纳维亚和维京神话中的托尔，到了 10 世纪，他被广泛认为是斯堪的纳维亚半岛大部分区域及其周边地区的首要风暴神。欧洲许多其他风暴神和托尔有着相似的属性，即拿着短柄斧或锤子。

托尔面相可怕、肌肉发达，留有红色胡须，手上挥舞着锤子。他会投掷炽热的斧头或锤子。在挪威神话中，托尔的锤子被称为 "Mjolnir"（或写作 "Mjollnir"），即 "雷神之锤" ——一种形状独特的武器，更像是斧头而不是锤子。"Mjolnir"一词的词源尚不确定，但可能与古挪威语里的"*Mala*（碾碎）"或"*Molva*（粉碎）"有关，同源词可能是俄语中的"*МОПНИЯ*（闪电）"。虽然闪电常与锤子联系起来，但是神话故事侧重于雷神之锤的打击力和拥有的力量，而不是闪电的火花或光亮。托尔拥有一辆由山羊牵引的战车，在乌云的掩护下飞驰，车轮发出的隆隆声则被认为是雷声。托尔是奥丁和女巨人娇德的儿子，娇德象征着天堂和大地。托尔主宰着所有大气特征，不仅是雷、闪电和风暴，还有生灵万物所需的雨水以及能使船只横渡海洋的风。托尔用雷神之锤清除了世界上的怪物和敌对的巨人，并保护神灵和人类的家园免受黑暗和混乱的影响。无论托尔把雷神之锤扔向哪里，总能自己回到托尔手中。它坚不可摧、百发百中。它威力巨大，若撞上一座山丘，则会留下一道深谷。

对于许多斯堪的纳维亚人来说，雷神之锤拥有特殊的保护力量，因此雷神的斧头成了人们祈福（如为船只祈福）、出生、结婚、死亡和宣誓的象征。斯堪的纳维亚半岛的一些地方仍保留着新郎在婚礼上手持斧头的习俗。在德国，如果婚礼期间遇上雷雨，这对新娘来说是吉祥的。今天的日历也受到了托尔名字的影响，"Thursday（星期四）"源于"Thor's Day（雷神日）"。雷神日的现代德语版本则为"Donnerstag（多纳尔日）"。

托尔在与巨人之战中
手持双刃斧

亚 洲

中国神话中有一个完整的雷部，由 24 位神灵组成，各自负责雷、电、云、雨部分相关事宜。其中的统帅叫

中国的雷神雷公，带着鼓和锤子产生雷电，以惩罚坏人

中国的雷电之母电
母，手持乾元镜来指
引雷击

作雷祖，他有三只眼睛，中间那只发出一束短白光。雷公，也称为雷神。他带着一面鼓、一个锤子（或木槌），有时会带着凿子来产生雷电，以惩罚坏人。雷公是伸张正义者，不仅惩罚偷偷犯罪的人，也惩罚利用宗教来伤害人类的妖怪。他后来得到了闪电之母电母（有时被称为天母）的帮助。电母可能是雷公的妻子。她运用自己分辨善恶的能力，将乾元镜照向预定目标，以确保雷公不会误击无辜的人。某些故事记载，电母也可以通过镜子发光来产生闪电。随着时间推移，雷公的形象也在改变。

雷金是日本文化中的闪电、雷声和风暴之神。雷金通常被描绘成一个红色恶魔，周身环绕着鼓，他可以通过击鼓产生雷电。尽管雷金的许多雷击不受欢迎，但人们相信它们对水稻作物有好处，也许是因为它们能固定氮，使土壤肥沃。传统规定，当闪电击中田地后，农民们用新切的竹子和稻草绳来标记该地点，以确保丰收。孩子们从小就被劝诫，要惧怕雷金。一些日本父母告诉孩子，雷雨天气要把肚脐遮起来，以免被雷金抓走。

美　洲

因纽特人生活在北极、加拿大和美国的亚北极地区、格陵兰岛和西伯利亚。他们的神话认为雷声是女神卡德鲁制造的。她是女神三姐妹中的一位，她们因为太吵闹，被父母送到外面。在那里她们发明了一种制造雷暴的游戏：卡德鲁在中空的冰面上跳跃制造雷声；她的姐姐奎太通过互相摩擦石头来制造闪电；另一个姐姐伊格尼托克，用两块石头打在一起制造闪电。也有一些传说称，卡德鲁通过摩擦干海豹皮或唱歌来制造雷声。三位女神住在天空中的鲸须房子里，脸上被烟灰熏黑。为了食物，她们去猎捕驯鹿，用闪电把它们击倒。传说在一些地方，人们能通过为这三位掌管天气的女神提供针、象牙和旧海豹皮等供品，来躲避闪电，或是制造闪电。

风暴神并不总是以人类的形象出现。太平洋西北海岸、美国西南部和大平原地区的一些人认为，雷声是由雷鸟（一种可怕的巨型鸟类）的巨大翅膀拍打而成的。雷鸟的原型可能是一种真实存在的鸟，比如秃鹰或鹰，但在神话里它的尺寸被夸大了。它能通过眼睛闪烁或眨眼形成片状闪电。雷击有时被解释为从雷鸟的眼睛里射出的白热石头，就像是雷鸟随身携带的炽热炮弹，甚至是发光的蛇。根据温哥华西海岸的一个传说，闪电蛇与雷鸟成为朋友之后，缠绕在它的身体上。当雷鸟去寻找鲸鱼作为食物时，会把闪电蛇扔到鲸鱼身上刺穿它的身体并杀死它。然后雷鸟会用它强大的爪子抓住鲸鱼，带回高山上的家中。若闪电击中一棵树，掉下几片树干上剥落的树皮，人们会认为是雷鸟的爪子抓下来的。像许多其他雷电神一样，雷鸟很凶猛，但会保护人类，对抗邪恶势力。有许多神话故事讲述了雷鸟与邪恶的生物

美国原住民奥吉不瓦
人的翎毛肩袋上描绘
的两只雷鸟

斗争的事。在面具上，它被描绘成一只五颜六色的大鸟，

有时长喙内有两个卷曲的角和牙齿。在太平洋西北海岸

的纹章（或图腾）上，有时它的腹部可能会有一个额外

的头。神话故事中，在被闪电击中后幸存下来的人认为

他们得到了雷鸟的力量。人们之所以相信雷鸟，可能是

加拿大维多利亚市雷
鸟公园里的雷鸟纹章
（或图腾）

因为大型鸟类倾向于利用大风暴产生之前强大的上升气流进行飞行，这会让人们觉得风暴是由它们产生的。

在中美洲玛雅文明（300—900 年）和随后的玛雅-托尔特克文明（987—1200 年）的鼎盛时期，人们相信是查克在尤卡坦半岛创造了雷电和降雨。查克经常被描绘成手持一把蛇形石斧，击打云层，引发闪电和雷声的形象，这预示着在漫长的旱季之后，会有一场滋润万物的降雨来临，让农民们松一口气。在当地神话中查克通常有人形躯体，但长有鳞片，头部非人类，有弯曲尖牙和长长的、下垂的鼻子。有时他突出的眼睛里会流出眼泪，代表降雨。传说查克可以被表示为四个神，各自代表四大基本方位东南西北中的一个（每个查克的职责或特性与方向有关，但互相有所不同）。查克经常被供奉在神圣的天然井中（很大的、洞穴状的沉洞）。在尤卡坦干燥的石灰岩地区，天然井是主要水源。敬奉查克的形式之一就是以人为祭品。四名被称为查克的牧师，如神一般，负责主持仪式。仪式有时包括将男孩、女孩和年轻人——通常是男性——扔进天然井中溺毙，一同扔下去的还有珍贵的黄金、绿松石、玉石首饰和雕塑。在奇琴伊察地区主要宗教中心的萨格拉多天然井（也称为圣井），黎明时被扔进天然井里的人，若到正午时幸存下来，则会被

墨西哥奇琴伊察地区刻有查克图像的庙宇

拉上来，因为人们相信他们在与那些淹死在阴暗的绿水里的人进行生死交谈后，拥有了预言能力。

统治者与查克的关系特别密切，尤其是在玛雅历史早期，因为统治者被认为是造雨者。在历史后期，他们能够与神沟通并向神求情。今天，我们对玛雅众神的了解大多来自《波波尔·乌》。16世纪西班牙征服期间，宗教文本遭到毁坏，《波波尔·乌》是极少数幸存下来的玛雅经文之一。这本插图手稿着重描绘了那些可以发动闪电的神，K神就是其中之一。和查克一样，他有一张兽形脸，但前额有一面镜子或一把火炬，头上伸出一把斧刃。在许多关于K神的插图里，斧刃会散发出烟雾，这代表着雷击引起的火焰和燃烧。有时他的一条腿是一条长蛇，代表着闪电。K神可能与N神一起出现，N神的吼声代表着从蛇嘴里冒出的雷声。虽然大多数中美洲古老的神灵早已被当地人的后代遗忘，但据了解，对查克的祈祷今天仍在继续。

起源于墨西哥中部的阿兹特克人，在14世纪到16世纪统治了中美洲的大部分地区。为寻找他们的应许之地，经过两个世纪的迁徙，阿兹特克人于1325年在特斯科科湖的一个沼泽岛屿上建立了特诺奇蒂特兰城，当今的墨西哥城所在地。这个最初很简陋的定居点，发展成了一个拥有25万居民的大都市，并最终统治了中美洲的大部分地区，直到1521年被西班牙征服者摧毁。雨神和丰收之神特拉洛克是他们最崇敬的神之一。因为他能指

玛雅时期花瓶上长着人类面孔的查克，一只手握着斧头

挥闪电和雷鸣，所以人们很畏惧他。在墨西哥高地的特奥提瓦坎文化中，可以看到类似特拉洛克和查克神的形象。这些相似之处表明中美洲的特奥提瓦坎文化、玛雅文化、托尔特克文化、阿兹特克文化和萨波特克文化，在世界观、对时间和历法的痴迷上有着某种交集。这些联系可以追溯到中美洲的奥尔梅克文明（约公元前 1200 年至公元前 400 年）。

　　阿兹特克人的四位特拉洛克神，每一位都有自己独特的颜色，并与东南西北之一有着特别的联系。特拉洛克通常被描绘成眼球突出，长着尖牙。两条蛇形成了他的眉毛，有时眼睛也是如此，它们盘在一起形成了他的鼻子。特拉洛克经常戴着一个精致的头饰和大号耳饰。头饰上有一些点，代表他用来储水的山。白色尖牙被解释为美洲豹的尖牙，美洲豹是中美洲和南美洲最大型的捕食者，而阿兹特克人认为隆隆的雷声就是它强力的咆哮。关于特拉洛克的一些雕塑，不是用黏土或石头来制作，而是将树脂和椰油涂到木头上。这些易腐的雕塑之后就会被烧掉。因为人们相信树脂和椰油产生的烟雾会使云层变黑，然后释放出使土地肥沃的雨水。也许这是一种早期的云的催化尝试。

虽然阿兹特克人死亡后通常都被火化，但那些被闪

墨西哥特奥迪瓦坎古城的羽蛇神庙上，眼球突出的特拉洛克（左）和羽蛇石首

16世纪的《劳德抄本》第2页里的阿兹特克雨神和丰收之神特拉洛克。特拉洛克右手拿着一条闪电蛇，左手拿着一把石斧

电击中的人，以及那些因溺水、麻风病和其他与水有关的疾病而死亡的人，都会被埋葬。人们相信，这些人是被特拉洛克选中，前往富饶的夏日天国特拉洛坎过上永恒而幸福的生活。他们被埋葬时，脸上撒着种子，额头上涂着蓝色的颜料，身体都裹着纸，手上放着播种用的挖掘棒。

公元16世纪，欧洲人的探险之旅来到了南美洲。不

带有闪电蛇形光线的金色面具，象征着厄瓜多尔印加神尤帕拉

过在此之前，印加人就已建立了已知最大的帝国——印加帝国。印加帝国首都在库斯科，囊括了安第斯山脉和太平洋沿岸地区。雷电之神尤帕拉的地位非常重要。在南美的一些地区的神话故事中，雷神被称为卡提基尔，而在另一些地区，人们在强调雷神对闪电的控制力时，会称之为阿普卡提基尔。尤帕拉从银河系的天河中取水，并发射闪电击碎一个巨大的天水罐来分发这些使土地肥沃的雨水。他有一个弹弓，弹弓发出闪电时的爆裂声就是雷声。他亮丽的衣着在运动时也会产生闪光，从而创造出闪电。虽然尤帕拉通常被描绘成一个穿着闪亮衣服的人，但有时手里也会拿着棍棒和石头。为了博取尤帕拉的怜悯，印加人会把黑狗和美洲驼绑起来，不给它们食物，希望动物的惨叫声会激起尤帕拉的同情，从而带来降水。印加人对闪电进行了性别区分，即击中地面的闪电为"雌性闪电"，而云中的闪电为"雄性闪电"。他们认为，雷雨中的孕妇因受到闪电影响，子宫会破裂，从而形成双胞胎，或会造成胎儿唇腭裂等身体畸形。人们认为这些孩子与众不同，将他们标记为闪电之子，并且通常在之后献祭给尤帕拉。

非　洲

在一些非洲传统文化中，特别是在非洲南部，也有以鸟的形式出现的风暴神，可以用翅膀和爪子召唤雷电，它们被称为闪电鸟。被闪电击中的树上留下的伤疤被认为是闪电鸟的爪子造成的伤口。闪电鸟和人一般大小，经常被描绘成色彩斑驳的。传说闪电鸟会在闪电击中的地方产卵。如果蛋没有被挖出并销毁，那么当闪电鸟返回收集蛋时，闪电会再次击中那个地方。

非洲神话中其他风暴神都是以人类形态存在。在西非，约鲁巴人的雷神叫作尚戈，以15世纪奥约王国的一位武士国王的名字命名。虽然尚戈可能是约鲁巴神灵中最重要的一位，但他会与妻子奥雅分享驾驭雷暴的力量。奥雅是掌管闪电、风、降雨、火和生育的女神。尚戈经常拿着一把象征闪电的双刃斧。作为雷电、闪电和火焰之神，他与奥雅一起向地面投掷火石。在尚戈的雕塑里，双刃斧常常直接在他的头顶出现，表明战争和杀敌是他的本性和天职。奥雅也是象征女性领袖和独立的女神。作为一名勇猛的战士，她被需要力量、勇气和权威的女性敬奉。除了人形，奥雅也有水牛形态。处于人形时，奥雅手持剑或砍刀，头巾扭曲得像水牛角。她往往在神话中留着胡子，看起来很凶猛，"奥雅是为了能去打仗而留胡子的女神"。无论闪电击中什么地方，人们都会在周围地区搜寻雷神投掷的石头，尤其是一块双刃斧形石头，就像尚戈的武器形状。这些石头被认为具有能量，经常被放置在尚戈的庙宇里。18和19世纪，成千上万的约鲁巴人被带到加勒比地区，因此，在许多加勒比岛屿以及巴西等南美国家，对尚戈和奥雅的敬奉也得到了延续。

非洲最古老的风暴神之一——古埃及的塞特神的历史可追溯到公元前3000年，与雷暴、沙尘暴、日食和地震等事件有关。赛特通常被描绘成"赛特兽"或长着"赛特兽"头的人。赛特兽是一种类似狗或豺狼的动物，长有弯曲的鼻子、长方形的长耳朵、倾斜的眼睛、分叉或丛生的尾巴、犬类躯干。在后来，赛特被描绘成一头驴，或长着驴头的生物。有时也被描绘成河马、鳄鱼、蝎子、龟和野猪，都是一些被认为很危险的动物。

大洋洲

在澳大利亚原住民的神话故事中，闪电是某些祖先释放出来的力量。大多数原住民神话与"梦幻时光"或造物时刻有关。在"梦幻时光"里，祖先会四处游览，创造山脉、水坑、独特的岩层、天气、植物、动物和人类。"梦幻时光"是文化、灵性以及环境亲密性的基础。澳大利亚境内已有数万幅岩画（其中一些可追溯到2万多年前），描绘了这些祖先和其创造万物的故事。一代又一代的原住民确保了这些重要图像的保存和润饰，不断重述着与之相关的故事。在澳大利亚北部，神话中的闪电祖先是一个常见的形象，他们可以产生闪电和雷声，预示着维持生命所必需的降雨。传说该地区有两个重要的闪电祖先，闪电兄弟雅格达布拉和贾比林吉，他们负责为维多利亚河供水。在关于闪电兄弟的岩画中，有一些条纹设计，代表着降雨。壁虎样貌的头部和巨蜥状的身体，表明他们很强壮。在卡卡杜国家公园，人们发现了关于闪电人那玛共的岩画，传说澳大利亚北部的雷暴由他掌管。那玛共可以用石斧劈裂乌云，从而创造闪电。在画中，他的斧头经常挂在膝盖和肘部，而闪电则显示为一条从脚踝延伸到头顶拱起的带子。

一些神话认为，所有的自然物体和现象都是以人，或拟人化的形式出现的。雷神威塔莉被描述为一个凶猛的食人战士。来自天堂的她嫁给了一个凡人，但后来对他不满，最终回到了天堂。虽然威塔莉会把雷电拟人化，但是每一种雷暴都有属于自己的拟人化形式。后来，她的孙子塔瓦基也会对雷电进行拟人化处理。

在波利尼西亚和夏威夷神话中，佩蕾是火山、闪电和火焰女神。传说她住在基劳维亚活火山山顶的一处火山口。她是从大溪地乘独木舟过来的，并在岛上用她的挖掘棒挖了许多火坑或火山口。佩蕾在现代图像中通常被描绘成深红色的女神，一只手拿着挖掘棒，另一只手托着一颗蛋，这颗蛋就是她的妹妹希亚卡的雏形。佩蕾会随身带着这颗蛋并放在独木舟里保暖。在其他图片里，她携带着碎米蕨类植物，这是第一批在熔岩上生长的植物之一。佩蕾的哥哥之一是雷神肯恩赫基利，他希望人们在雷雨中保持沉默，以此来表达对他的尊重。与创造闪电的能力相比，夏威夷神话似乎对她引发火山喷发的能力更感兴趣，火山喷发是一种同时意味着破坏和新生

对于早期文明来说，将闪电理解为风暴神的行为是最合适的解释。图为美国内布拉斯加州的闪电

的事件。即使在今天，一些人仍沿袭传统习俗，在火山口边缘留下水果、鲜花和鱼等，以安抚佩蕾，与此同时，也是感谢她让炽热的熔岩流入大海，熔岩冷却和凝固后形成的新土地会扩大岛屿面积。

早期文化和文明产生了许多雷神，他们在雕像、版画、绘画，或者在口述历史和文献中的形式有许多相似之处，而在其他方面则完全不同。同时，即使在同一种文化中，他们的图像也可能随着时间的推移而改变。在过去的神话传说中，风暴神在众神里排名很高。当地人敬重他们，不仅为了保护自己免受闪电可能带来的破坏和死亡，也因为拥有神力的神灵可以为人们的一些思考提供有意义的答案，满足当时人们的精神需求。当代一些人将这些风暴神归为神话和民间传说，但仍有一些人延续着传统信仰和习俗，向这些在祖先生活中占据重要地位的风暴神供奉食物。

第 2 章　畏惧闪电：霹雳石和护身符

在人类文明的前几个世纪里，人们就已采取了许多行动来保护自己免受雷击，比如将霹雳石收集起来放在家里。人们认为，闪电会将一种石头射入地面，这就是霹雳石，它们保留着魔力，能抵御未来的雷击。或者，人们认为女巫是造成恶劣天气的罪魁祸首，于是追捕她们。再比如，人们敲响教堂的钟声以抵御雷雨，并进行特别的祈祷以防雷击。还有一些其他做法，包括佩戴护身符、穿戴动物皮、在家附近种植特定植物以及在室内放置特定植物的插条或种子。其中一些做法在当时受到了一些人的支持，另一些则起源于某种文化的民间传说，然后通过远距离交流，被其他文化接纳。其中有些传统做法甚至延续至今。

霹雳石

直到过去的一两个世纪，有一种观点仍在世界上许多地方流传，即每道闪电击中地面时，都会留下一枚嵌入地面的石头发射物。这些石头通常被称为霹雳石，在不同的文化中也被称为雷石、雷斧、闪电石和天斧，这反映了它们与各自的风暴神使用的特定闪电武器之间的联系。传说霹雳石被认为是闪电放电之后的废核，保留了闪电残余的力量，可以用来保护人们。换句话说，霹雳石仍具有神力。因此，人们会在闪电之后，寻找雷击的痕迹。在雷击处发现的任何不寻常的石头，通常都会被当作闪电的残留物。或者人们偶然在地上或地里发现了一块不寻常的石头，便认为这是几年前闪电击中过那个地方的证据。事实上，在一些文化中，有一种共同的信念：在一次雷击之后，霹雳石要经过许多年（通常被指定为七年），才能逐渐上升到地面。

传说，为了保护房子和家人免受雷击，以及防止各种不幸和疾病的侵袭，一些地区的人们会收集霹雳石，将其嵌入墙壁、屋顶或壁炉中。把它挂在谷仓屋顶和动物围栏上也能确保家庭财产的安全。传说中霹雳石常常被放在牛奶货架上，以防止牛奶变酸，并确保牛奶上会产生上等奶油。这种做法的有效性是值得商榷的，因为乳酸杆菌（此菌能产生乳酸）在炎热潮湿的夜间雷雨天气时，会迅速繁殖，所以在冰箱发明之前，牛奶在夏季雷雨天气中通常会变酸或凝结。

在暴风雨天气外出冒险时，旅行者会在口袋里放一个小霹雳石，甚至有时会把小霹雳石系在绳子上作为护身符，以确保他们不会被闪电击中。11 世纪末，雷恩主教马博德写了一本 732 节的《石头之书》，书中宣称：

> 携带霹雳石者不会被闪电击中，如果霹雳石在屋里，房屋也不会被击中；在海上或河流上的航船不会被风暴击沉，船上的乘客也不会被闪电击中；它会让你在法律诉讼和战斗中取得胜利，并保证拥有香甜的睡眠和美梦。

霹雳石被认为具有治愈能力，能抵挡那些导致疾病和邪恶的巫术。13 世纪，丹麦牧师亨里克·哈普斯特朗曾撰文证实：霹雳石可以抵御巫术。霹雳石的某些部分有时会被磨成粉末，作为治疗牙痛、风湿和其他各种疾病的药物食用，或者涂抹到身体酸痛的部位上。这种粉末也会喂给动物，以治愈某些疾病。

传说中镶银的箭头形火石可用来作为保护自己免受雷击的护身符

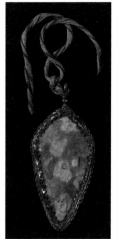

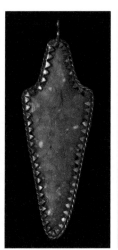
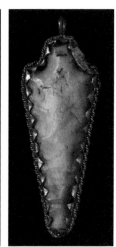

关于霹雳石保护房屋免受雷击的神力，有这样一种说法：霹雳石的存在意味着风暴神已经选择了这座房子，所以没有必要再进行一次雷击。孩子们被告知不要把霹雳石拿到外面，以免房子被闪电击中。有些人认为，在雷雨来临时，应主动表明雷神已经选择了他们的房子，于是他们把霹雳石砸向房门，以此模仿闪电。

一般来说，霹雳石被认为是形状奇特的石头，上面有洞或尖端，圆形表面很光滑、伴有缺口。这种物理特征意味着，大量的霹雳石实际上是石器时代的工具，主要是斧头、短柄小斧、匕首、凿子、镰刀、矛头和箭头。发现霹雳石的人并没有认出它们其实是史前人类制造的工具。化石，特别是贝伦石（一种形成于鱿鱼类生物体内的子弹状或飞镖状的贝壳化石）、海胆石（海胆壳的化石），以及陨石和晶体（例如，含有黄铁矿的结核），也具有霹雳石的特征。在许多情况下，要想被当成神话故事中的霹雳石，该石头的形状必须与人们所认为的宙斯、托尔和其他风暴神使用的闪电武器或投掷物的形状相似。如果霹雳石是由火石制成的，就可以用一些物体撞击，产生火花形式的微型"闪电"，这被作为它保留着闪电残留能量的明显标志。然而，人们认为神话中只有风暴神才能完全激活霹雳石。

对霹雳石的习俗在世界上某些地区最为流行，比如在欧洲、北美以及亚洲和非洲的部分地区，人们不知道史前人类就已制造和使用石器工具，或者当地的习俗拒绝接受关于史前人类使用工具的科学说法。相比之下，在澳洲、南美洲、南太平洋诸岛以及亚洲和非洲的一些地区，当地文化通常保留着关于石器和相关制作技巧的知识，人们知道石斧和箭头是人类制造的，因此不存在关于霹雳石的神话。在其中一些地区，当欧洲探险家和定居者从他们的国家带来霹雳石神话，并将其应用于他们在土壤中发现的石器后，人们对雷电的想象逐渐发展起来。而在很少有雷暴的地方，如冰岛，则几乎没有关于霹雳石的神话传说。

不过，一些人采用了他们认为合理的论据来驳斥霹雳石是早期原始人制造的石器的说法。例如，1649 年，欧洲的阿德里亚努斯·托利乌斯在他的《宝石上的博伊特人》中指出：

> 霹雳石是在天空中由闪耀的气体形成，在云层内变成圆形，自身的炽热使它变得坚硬。它看起来就像武器，之后干燥之处散发的湿气会使它形成突出，让另一端更加密实。闪耀的气体对霹雳石施加巨大的压力，于是它破云而出，产生闪电和雷鸣。

14 至 17 世纪的意大利文艺复兴，在欧洲很大程度上促成了霹雳石和人造石器之间的联系。这一时期里，自然史研究兴起。人们设立了"珍奇馆"，来研究和展示从附近及偏远地区和文化中收集的自然标本和文化艺术品。当时进行的航海探索和发现之旅让人们接触到仍在使用

RITRATTO DEL MVSEO DI FERRANTE IMPERATO

自然历史收藏品帮助许多人认识到霹雳石只是原始的石头工具。此"珍奇馆"由费兰特·伊佩拉托（1525—1615年）于1599年在那不勒斯创建，插图来自《自然史》

或了解人工石制品的人。除此之外，18世纪，人们在欧洲发现了许多洞穴，其中人类骨骼和灭绝动物的骨头与石器混杂在一起，这些石器看起来和人们所说的霹雳石很像。后来，人们越来越接受霹雳石标本是"人造工具"的主张。在18和19世纪，一些受人尊敬的博物学家、考古学家和其他科学家提出了大量主张和相关证据，使人们终于认识到霹雳石的真正面目：石器、武器、化石（剑石化石和海胆化石）、陨石和晶体。

尽管越来越多的人认识到霹雳石只是早期的原始石器，但希望得到霹雳石庇佑的农民和村民仍然保留着对

在澳大利亚新南威尔士州瓦尔夏，大多数树木在雷击中幸存了下来，但是图片中的桉树含水量很高，水分在升温和汽化时导致了爆炸

霹雳石的传统观点。这些人可能会争辩说，一具与陶器碎片和石斧一起掩埋的尸骨，仅仅意味着此人死于霹雳，所以和霹雳石一起埋葬，而不是和他们的工具一起埋葬。他们进一步争辩说，那些没有被闪电杀死的人也可能与他们生前发现的霹雳石一起埋葬。

　　鉴于民间传说的力量，在整个 19 世纪，甚至到 20 世纪，一些农民仍旧在茅草屋或木谷仓的屋顶下悬挂霹雳石，或者在雷雨中随身携带霹雳石以防雷击，这也就不足为奇了。

　　由于闪电在击中树木、建筑物或土壤时会产生爆炸力，因此不难理解为什么许多人认为是石头投掷物，即霹雳击中了地面。然而，任何与雷击有关的爆炸都是因为树木、墙壁、道路或土壤中的水分，由于受到高温的影响，几乎会瞬间蒸发。这会导致水滴在转化为过热蒸汽时膨胀并爆炸，而爆炸会使树皮、泥浆、沥青或土壤猛烈地喷散并发出响声。因此霹雳石是不存在的。

石化闪电

尽管雷击不会产生霹雳石，但在极少数情况下，人们会在地上发现一些非常独特的东西，他们称之为石化闪电或化石闪电。若闪电击中干燥的沙土、沙坑、沙丘和沙滩，则可能形成石化闪电。地面上可能没有明显的痕迹，但是闪电放电产生的极高热量在地下产生了一个狭长的玻璃管状物。果不其然，那些发现这种管状物的人说他们就像手里握着"已使用过的闪电"。在特殊情况下，玻璃管状物会延伸数米，直径可达几厘米，有时会像闪电在天空中的路径那样分叉。这些玻璃状产物被称为闪电熔岩，或者通俗地说，叫作石化闪电、化石闪电或闪电管。已挖掘出的最长的闪电熔岩是在佛罗里达州北部发现的，长度约5米。闪电管的尺寸、孔径和壁厚之间似乎并无关系。一些长管可能会更细，但另一些的直径则没有明显减小。并不是所有的雷击都会在沙土上形成闪电熔岩，但似乎土壤越压实、越干燥，闪电熔岩形成的可能性就越大。闪电熔岩相对脆弱，因此很难将其完好地从土壤中提取出来。

闪电放电时，1 800摄氏度的高温熔化并熔合沙子

世界上最长的闪电熔
岩，长约 5 米

中的二氧化硅，形成玻璃，闪电熔岩也由此产生。从外
表上看，这些脆弱的管状物就像是干瘪的树根，沙子也
依附其上，形成了一个粗糙而不规则的表面。而在内
部，它们可能很光滑，或者有微小的气泡。闪电熔岩可
能是半透明白色、灰色或黑色，这反映出它从沙子产生
的。外表面的沙子让它摸起来很粗糙，看起来可能有灰
色或黑色斑点，或者整片区域都是灰色或黑色。形成闪

闪电击中沙丘可能会形成中空的玻璃管状物，称为闪电熔岩

电熔岩的玻璃也被称为焦石英。这种形式的玻璃可以在其他条件下产生，例如陨石撞击、火山爆发，甚至是当来自受损高压电线的电流流入地面时，在土壤中局部矿物表面产生一个熔融的线团或疤痕。当裸露的岩石被闪

被闪电熔化的沙子形成了不同形状和质地的闪电熔岩。闪电熔岩十分易碎，从地面取出时常常会碎成几段

电击中时，短裂缝表面会衬有玻璃，闪电熔岩也可能由此形成。

　　据记载，最早的闪电熔岩是由大卫·赫尔曼于1706年在德国发现的，尽管他认为它们不是闪电产物，而是地下火产物。他建议将它们用于医学，把它们与鹿角、蟹眼和珊瑚归为一类，这些药材当时用来治疗各种发热疾病。1817年，菲德勒博士对欧洲各地发现的"闪电管"做了一个综述，使得人们普遍接受了闪电熔岩是由闪电的高热量熔化沙粒组成的玻璃形成的。在那之后，随着人们在沙土和海滩上寻找它们，全世界发现了大量的闪电熔岩。它们的名字源于拉丁语"*fulgur*"，即闪电的

得克萨斯州米德兰市锡布利自然中心，表面的沙子被风吹走后的闪电熔岩

在得克萨斯州莫纳汉斯山沙丘州立公园的沙丘上挖掘出的闪电熔岩

意思。

目前没有任何记录表明人们认为闪电熔岩就是霹雳石。相反，在一些古老的民间传说里，闪电熔岩标志着一道炽热的闪电穿过了沙土深处。如果人们挖得足够深，就能找到神奇的霹雳石。美国西南部地区的普韦布洛印第安人，非常依赖夏季雷暴带来的雨水，然而夏季雷暴降雨十分不稳定。他们会在祈雨舞仪式中使用闪电熔岩。并且他们平时会携带闪电熔岩，作为保护他们免受雷击的护身符。在当今世界的许多地方，闪电熔岩已被制成美丽的玻璃首饰，作为提供保护和带来好运的护身符佩戴。

植物和动物的护身符

长期以来，人们认为闪电从未击中过某些动植物。因此，在不同时期里，不同神话故事中都用此类动植物来抵御闪电和其他突如其来的灾难和不幸。在一些地区不得不在雷雨期间工作或旅行的人，通常会携带或佩戴特定植物的插条，他们认为这些植物插条会保护自己免受雷击。

正如之前章节解释的那样，神话传说中橡树与宙斯和托尔等古老雷神之间的联系很早就开始了，因此他们有时也被称为橡树神。罗马卡皮托林山上朱庇特神庙旁的一棵橡树，也被尊为朱庇特圣树。许多自称为神的帝王，都会戴上橡树叶王冠，作为神力的象征；德鲁伊经常在橡树林中进行敬奉仪式。后来一些地方延续了橡树与雷神的联系。而橡树经常被闪电击中，这使人们更加坚定这一信念（尽管这是因为橡树往往长得高大而孤立，使它们比其他树木更容易遭受雷击）。法国人和佛兰芒人有一种传统习俗，即认为一棵被雷击过的树具有魔力，如果放在家里，即使是床底下，也能抵挡闪电。也许这一习俗是源于人们相信闪电不会两次击中同一个地方。

人们有时会把橡树的橡子放在窗台上，以保护家人免受雷击，传说这是对雷神或橡树神的尊重。如果橡子是从一棵被闪电击中过的树上采集的，有些人就会认为它们的魔力更大。在其他事物上也可以看到橡子习俗的延续，比如窗帘和百叶窗拉绳末端橡子形状的旋钮。橡树上的槲寄生被认为具有特别强的抵御闪电的能力。德鲁伊人十分崇敬它，认为是神在雷击时将它放到橡树上的。在一些地方，人们把槲寄生挂在建筑物的门窗上方，认为它可以防雷击。在斯堪的纳维亚神话中，冬青树也属于雷神托尔之物。在冬季，冬青树力量更大；而夏季，橡树力量更大。挪威人和凯尔特人有一个习俗，就是在他们的家附近种一棵冬青树。这样闪电就只会击中树，而他们的房子和家人是安全的。在南非北开普省的蔻玛尼人社区，传说人们认为有一种树绝不会被闪电击中，那就是白干树。如果在外面遇到雷雨，他们会躲在白干

在南非北开普省，一棵白干树被种在传统农舍旁，当地人相信闪电永远不会击中这种树

树下。一些人相信白干树的保护能力，特意把房子建在它的旁边。

罗马神话中，朱庇特投掷闪电的地点太随意了，于是有人说服他创造一种植物，来保护他们和各自的敬奉者免受闪电的伤害。这是一种常绿多汁植物，在欧洲各地通常被称为朱庇特之眼、朱庇特胡须、托尔胡须或雷电胡须，因为人们认为它的大簇玫瑰花形叶子很像朱庇特的胡须。它的英文常用名是"houseleek"，意为"石莲花"，源于盎格鲁撒克逊语中的"leac"，意思是"植物"，因此"houseleek"最初的写法可能为"house plant"，即"家庭植物"。在北美，它通常被称为母鸡和小鸡，分别指较大的成熟石莲花和较小的稚嫩石莲花。罗马神话中，人们把它放在靠近门或门廊的花瓶里，甚至把它种在屋顶上，以防闪电击到。罗马帝国皇帝查理曼大帝（742—814年）命令他的臣民在屋顶上种植这些植物，以保护他们免受雷击。这种做法随后传遍欧洲，并通过移民，传至北美。罗兰是查理曼大帝军队中的一名军事将领。德国许多城镇都陈列着他的雕塑。依据惯例，人们会在雕塑顶部的洞里种上石莲花，以保护镇上的居民免受雷击。1907年6月，柏林勃兰登堡博物馆外罗兰雕塑上的石莲花被冻死后，人们迅速换上了新的。

当雷雨来袭时，罗马第二任皇帝提比略（公元前42—37年）会模仿朱庇特，戴上月桂花环，朱庇特常常被描绘成戴着月桂花环。提比略相信这样可以保护他免

受雷击。罗马时代，月桂花环意义重大，是授予胜利人士的一种荣誉，包括那些取得军事胜利的人。根据老普林尼（23—79 年）的说法，月桂花环"不屈于火焰"，遇火就会噼啪作响，这种属性为佩戴者提供了抵御闪电的保护。在中世纪，人们认为月桂既能防闪电，也能防巫师。

古希腊，水手们会把海豹皮或鬣狗皮钉在桅杆上以防闪电，因为人们普遍认为闪电会避开这种生物。有些人甚至会在雷雨时穿上海豹皮来保护自己，海豹皮帐篷被认为是躲避闪电最有效的地方。出生于 69 年的盖乌斯·苏维托尼乌斯·特兰克维鲁斯在他的《罗马十二帝王传》一书中说到，罗马首任君主奥古斯都皇帝（公元前 63—14 年）非常害怕雷电，所以他总是随身带着一件海豹皮斗篷，以防雷击。一旦有暴风雨的迹象，他就会到地下一个拱形房间里避难。他之所以会采取此类预防措施，是因为在一次西班牙军事行动的夜间旅行时，闪电击中了他的轿子，杀死了照明道路的随从。不久之后，他在罗马为雷神朱庇特建造了一座神庙。他还下令，要为阿波罗建造一座庙宇。在一次闪电之后，雷击中了某地，于是阿波罗的庙宇就建在此地。

罗马时代，把猫头鹰尸体钉在房门上可以避免因附近猫头鹰存在而可能造成的所有邪恶和不幸。在欧洲一些地区，把猫头鹰钉在谷仓门上以阻挡邪恶和闪电的习俗一直延续到了 19 世纪。人们普遍认为猫头鹰的叫声预示着死亡即将来临。猫头鹰的鸣叫就曾预示害怕雷声的奥古斯都和在此之前的朱利叶斯·凯撒的死亡。中国有一种古老习俗，把猫头鹰的塑像放在屋角或屋顶，以防火灾和闪电。

剑、剪刀和镜子

在许多文化中，人们会在雷雨到来时用武器和锋利的工具保护自己。17世纪早期，当被问到为什么要剑刃朝上，将剑插在地上时，加拿大人回答说，雷神看到裸露的刀刃后，就会保持距离。在雷雨期间，一些人，包括俄罗斯的传统部落居民，会关上家门，以防止恶魔从雷神那儿逃离，躲到他们家里。他们把镰刀朝上，固定在门上，阻挡恶魔进入。在一些欧洲国家，一种常见的预防措施是盖住镜子或使其面向墙壁，因为人们相信镜子会引来闪电和与之相关的恶灵。传说中，恶灵会藏在镜子里，当有人朝镜子里看时，他们就会被幽灵附身。

在早期几个世纪，欧洲人会在雷雨中收起剪刀和刀，这一行为并不少见，因为他们相信这样做可以降低房屋被雷击的可能性。南非历史上的祖鲁地区，人们坚信闪电会被白色和发光物体吸引。人们将白色的牛从牛群中分隔开来，用深色毯子盖着白色和发光的家用工具。为了检验这种习俗在今天的这些农村社区是否仍然存在，研究人员对夸祖鲁—纳塔尔省的1 050名16岁学生进行

了问卷调查。其中一个问题是："镜子会引来闪电吗?"绝大多数人（91%）选择了肯定答案。这些习俗应得到重视，因为如果这些社区要采取有效行动减少闪电造成的破坏，他们需要克服其中很多陈旧的习俗。

根据许多地方的民间传说，镜子和发光物体会吸引闪电。图为新墨西哥州索科罗附近的闪电

第 3 章　闪电的本质与科学

　　无论哪一时刻，世界上都有大约 800 次雷暴在释放闪电。据大气监测卫星显示，这些雷暴在全球每秒产生 40 至 50 次闪电事件，或每天约 400 万次雷击。在这些闪电事件中，有 20% 到 25% 的闪电射向地面，其余的则为云对空放电或云对云放电。闪电是全球电场不可分割的一部分。由于在晴朗的天气里，电子不断地从地球表面流向空气，因此需要闪电释放负电荷来补充地球的负电场，保持电场平衡。

　　雷暴是由长达几千米、高达 15 千米的积雨云形成的。随着强气流以暖气的形式向上涌动，积雨云不断扩大和升高，形成了一个高大、气势恢宏的云层，顶部被对流层上部的强风撕成我们熟悉的铁砧形状。雷暴可能会造成许多天气灾害，包括闪电、暴雨、冰雹、强风、下击暴流，有时还会引发龙卷风。有些雷暴在一小时内产生数千次雷击，而有些产生的雷击相对较少。正是正电荷和负电荷的分离导致了闪电及其听觉信号——雷声——的产生。

雷暴云可能是天空中孤立的巨物，但有时也会发展成异常强烈且持续时间很长的超级单体风暴。美国中西部会形成一些强烈的超级单体风暴。在其他时候，许多雷暴云沿着中纬度气旋（锋面低气压）的冷锋并排前进，向前扫荡，不断补充形成雷暴所需的暖气流和积雨云。雷暴云也可能出现在热带气旋（飓风、台风）形成的地方，它们在飓风（台风）眼附近形成高大的壁云。

卫星传感器已被用于绘制全球闪电分布图。结果显示，热带地区的闪电比中纬度地区多得多，而在较冷的高纬度地区则更少。78% 的闪电发生在北纬 30° 到南纬 30° 之间。北冰洋或南极洲几乎没有闪电。相比于海洋，陆地上的闪电更频繁，因为阳光使陆地温度升高，促进了对流，积雨云形成得更大更频繁。在许多地区，闪电频率存在每日变化和季节性变化。闪电频率的增加，反映出每日气温和季节性气温的上升，以及更多积雨云的形成。

在全球范围内，非洲是闪电频率最高的大陆。非洲中部的闪电活动最频繁，因为来自大西洋的潮湿气团从山上升起，所以雷暴全年都会发生。刚果人民共和国东部山区平均每年每平方千米遭受 158 次雷击，是所有地区中平均遭遇雷电次数最多的。许多局部和区域因素，如天气模式、山脉和海陆影响，决定了闪电频率为什么可能高于或低于特定纬度的平均值。这些因素都会影响雷暴和随之而来的闪电的频率和强度。

雷暴的全球分布与地球的气候，更具体地说，与大气环流直接相关。这种大范围环流是由于热带和高纬度地区温差形成的，热带地区可以为更强烈的大气对流提供驱动力。如果地球气候发生变化，那么雷暴和闪电活动的分布、频率和强度也会随之改变。相关人员利用强大的计算机气候模型对气候变化进行了预测，结果表明，全球地表温度每升高或降低1摄氏度，全球闪电活动将增加或减少10%左右。

考虑到目前令人担忧的全球变暖，未来几十年里闪电活动预计会增加。由于大气环流模式的改变，一些地区可能经历更多的闪电活动，而另一些地区则较少，但总的来说，全球闪电活动将增加。而目前全球雷击频率最高的热带地区，很可能还会经历最大的闪电活动增幅。模型还表明，云对地闪电占总闪电活动的比例将增加。在雷暴和闪电活动有季节性变化的地方，如中纬度地区，活动高峰可能提前一两个月出现，且雷暴季节可能会延长。

闪电活动的增加将造成更多损坏和破坏：闪电引发的野火可能变得更加频繁、凶猛和广泛，特别是在因全球变暖而变得更干旱的地区。虽然干燥的天气预期会减少雷暴的发生，但计算机模型表明，形成的雷暴将更加猛烈。如果不加大对防雷系统的投资，建筑物、输电线路和通信系统遭到破坏的可能性会增加，企业遭受重大损失，来自企业和家庭的保险索赔也会增加。人们和动

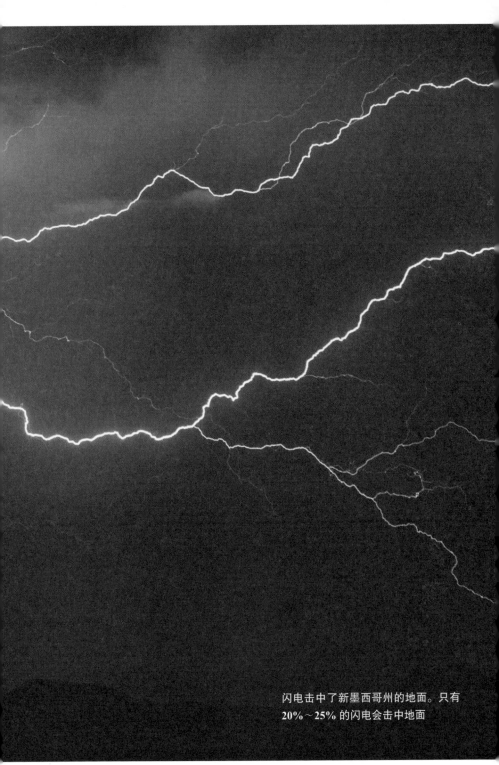

闪电击中了新墨西哥州的地面。只有
20%~25% 的闪电会击中地面

物遭受雷击的可能性也会增加。

内华达州超级单体风暴中的闪电。风暴局部的闪电照亮了乳状云（小球状云）

闪电的形成

每一道闪电都是瞬间的高压电流或火花，其长度以千米为单位。闪电的电压从 30 万到几千万伏特不等（伏特为电流流动压力测量单位），电流峰值在 5 000 到 200 000 安培之间（安培为电流流速测量单位），尽管持续电流可能在 300 安培左右。闪电仅仅持续几毫秒，但它产生的能量，足以为一个小城市提供长达几个星期的照明。激增的电流使 2.5 至 5 厘米宽的空气柱过热至约 30 000 摄氏度，此温度比太阳温度还高。闪电在天空中的通道看起来比实际要宽，因为它太明亮了。闪电的速度约为 106 米每秒。它会爆发出大量 X 射线和伽马射线。这些肉眼不可见的高能射线，有时被称为"暗闪电"，迅速向各个方向消散，而不是停留在像细高跟鞋一样的闪电中。

在雷暴中，正电荷和负电荷会分离，带正电荷的小冰晶和碎片向上卷起，而带负电荷的过冷大水滴和冰丸（即霰）下降。闪电形成过程中，产生电荷的方式有很多，其中一些尚待充分了解。一般认为，小冰晶在撞击大冰丸时获得正电荷。此外，水滴快速凝结后会产生带正电荷的外壳，如果这个外壳破裂，小冰晶会携带正电荷升向高空，带负电荷的内核由于较重而下降。通常，雷暴的上部区域主要带正电（缺少电子），而下部区域则带负电（电子过剩）。带负电的雷暴把地面上的电子排斥到远离风暴的地方，所以地面变成带正电。这些强带电区域之间的空气相当于绝缘层，直到电气分隔达到约 1 亿伏特，空气无法再将电荷分隔，闪电在云层内以及云层和地面之间形成。

当雷暴云不断移动，带负电的底部排斥附近的电子，使地面带正电时，击向地面的闪电开始形成。然后，云层中的电荷流开始寻找通向带正电地面的导电路径。这种微弱的（或者说视觉上未察觉到的）多分支放电被称为阶梯先导，以大约 50 米长的喷流向下扩散。携带负电荷的阶梯先导沿着放电尖端向地面移动，电离空气，并

闪电会将沿途的空气加热到比太阳
还热。图为新墨西哥州的闪电

雷暴使得正电荷和负电荷分离，最终闪电形成。图为得克萨斯州日落时分的雷暴云

雷暴中下行先导与地面上行电荷流接触时，就会形成闪电。图为新墨西哥州闪电

形成轨迹。当阶梯先导到达离地面约 100 米时，空气中的负电荷会吸引高层物体和良好导体上的正电荷，试图形成电流。当上升的电荷流与阶梯先导在地面以上 10 到 20 米连接时，电阻最小的路径就此形成一个充满能量的、肉眼可见的明亮通道。

　　当用高速摄影观察时，回击似乎是从地面，沿着电离空气以白炽光束的形式向上划过。这是因为，一旦阶梯先导与地面建立了连接，离地面最近的通道部分中的电子会迅速地流向地面，产生高亮度光束。通道较高部分的电子随后连续快速地流向地面，使得亮度不断增强。虽然回击通道的光束看起来在向上移动，但通道中的电子总是流向地面。

回击的速度比阶梯先导快得多。回击之后便是第一次负闪电击向地面，即直窜先导。与阶梯先导的初始分支和喷流运动不同，直窜先导是沿着主通道连续运动的。不到一秒的时间，几次回击和直窜先导在通道上交替出现，使得闪电在人眼看来像闪光灯一样闪烁。通常每次闪电过程会有3~4次闪击，但有报道称也有多达20次的。

有一种罕见情况，当多次闪击闪电的出现伴随着极强风时，风会将每一次回击和直窜先导稍稍吹向前一次回击的一侧，使得每次回击被肉眼可见的间隙分开，产生带状效果。尽管强风揭示了闪电多次闪击的性质，甚至可能因为固定相机镜头意外移动，而拍下了可以揭示这种性质的照片，但真正让照片具有揭示这一过程的能力，使人们能够具体研究这一现象的，是查尔斯·弗农·博伊斯发明的一种特殊相机。博伊斯的相机有两个镜头：一个是固定的，用来捕捉闪电的正常照片；另一个是旋转的，可以将图像分散到胶片的大片区域上。他在1900年就发明了这种相机，但直到1928年才终于在纽约州捕捉到了第一张闪电形成过程中的多次闪击照片。

当强风暴露出构成闪电的单次闪击时，可以看到带状闪电通道

闪电的视觉形式

闪电有各种各样的视觉形式。大多数人描述的闪电是云对地闪电，极其明亮，有分支通道。这种闪电通常被称为叉状闪电，因为它有许多肉眼可见的分支。不过叉状闪电最好作为术语，用来描述那些与地面有两个接触点的云对地闪电。当向下的闪击只沿着由回击和直窜先导形成的现有通道部分传导，然后另外形成一条到达地面的通道，从而产生了击中两处地面的闪电，叉状闪电由此形成。之所以会发生这种情况，是因为在多次闪击闪电发生的毫秒内，一个新的独立正电荷流提供了与

图为科罗拉多州的叉状闪电，两个地面连接点相距异常远

当闪电与地面显示出两个连接点时，叉状闪电就会形成。图为内布拉斯加州叉状闪电

初始电荷流一样强的连接。这一过程太快，人眼无法分辨，因此只能看见叉状闪电。叉状闪电的两个连接点通常只相隔几百米。

有的云对地闪电显示出一个非常明显的通道，分叉几乎看不见，有时会被称为条状闪电。有的云对地闪电，似乎分裂成一串短而明亮的部分，这种会被称为珠状闪电。这是因为闪电通道的宽度不同，较宽的部分消散得更慢，较窄通道的可见时间更长。

闪电偶尔可能会从晴空中射出并击中地面。如果雷暴云被附近的小山挡住，而云对地闪电已水平传播了很长距离，也许是几十千米，然后才下降到地面，就会发生这种情况。它出乎意料地来了，就像一道"晴天霹雳"。

云对云闪电可能发生在同一朵云之内（云内），或不同云之间（云间）。云内闪电是闪电发生频率最高的一种形式，被称为片状闪电。这种闪电因为从云层的下部向上部放电，或从上部向下部放电，都是隐藏在云中的，所以只被视为雷暴云的一种弥散增亮。如果云对云闪电或云对地闪电距离人们超过 20 千米，且听不到雷声，那么这种遥远天空的闪光通常被称为夏夜闪电或热闪电，因为它们发生在炎热潮湿的夜晚。

有时，云内闪电会形成多个闪电通道，似乎掠过雷暴云铁砧形底部的不规则云层表面。这些移速相对缓慢但视觉上引人注目的闪电称为"铁砧爬虫"。

条状闪电是指单个通道非常明
显且没有可见分支的闪电

闪电在击中地面前会传播很长的距离，可能会像"晴天霹雳"般出乎意料地出现。图为赫里福德郡的"晴天霹雳"

当雷暴中一种电荷不断积累，与周围大气中带相反电荷区域之间发生放电时，就会产生云对空闪电。这种闪电往往没有云对地闪电那么强大，且通常一次闪击就足以将电荷差异降低到临界水平以下。因此，一般不会见到沿着同一条云对空先导电离路径的反复闪击。

在云对地闪电中，上行的较短正电荷流与下行的阶梯先导连接，从而引发雷击。而一些高大建筑物，如山上的电视塔和无线电天线塔，可以产生强大的向上的电荷流，发动或引发来自空中雷暴云的闪电。这种地对云闪电，或称为上行闪电，有两种形式。比较常见的一种是单一的、无分支的先导从建筑物顶端向上飞升。另一种虽然没那么常见，但视觉上更为壮观：网状分支闪电从建筑物顶端向上延伸，呈现出云对地闪电的反向分支

美国俄克拉荷马州砧状云的球状底面（乳状云）被云内闪电照亮。闪电被包含在雷暴中，导致从地面上看不到任何通道

在美国得克萨斯州丹顿，多条较短
闪电通道——"铁砧爬虫"——似
乎掠过砧状云的不规则底部

云对空闪电在周围天空逐渐消散

斯洛伐克克雷姆尼察山脉上 312 米高的电视和广播发射机引发的上行闪电

图像。随着闪电继续放电，分支数量减少，直到只剩下一到两条主通道供次级回击传导。这些形式的上行闪电之所以发生，仅仅是因为从高层建筑顶端流出的高强度电荷流。根据附近雷暴的频率，高大建筑物每年可能被闪电击中 50 至 150 次，其中大多数是由建筑物引发的地

1902 年巴黎 324 米高的埃菲尔铁塔塔尖的上行闪电。这是在城市里拍到的最早的闪电照片之一

雷暴中来自砧状云的闪电通常很强大（即超强闪电），图为美国俄克拉荷马的超强闪电

对云闪电，而不是云对地闪电。

在极少数情况下，带正电荷的巨型"超强闪电"可能从砧状云前方（或后方）向雷暴中心前方（或后方）带负电荷的地面放电。正闪电放电（正极）只占所有雷击的二十分之一。超强闪电十分危险，因为砧状云和地面之间的超远距离意味着，只有达到非常大的电压差，超强闪电才会被引发，因此它携带的电荷量是常见的负闪电放电的 6 到 10 倍。此外，来自砧状云后方的超强闪电也很危险，因为人们可能认为雷暴中的闪电活动已经结束。然而，不受欢迎的超强闪电可能会出乎意料地到来。

雷　声

来自雷暴后方（或前方）砧状云的超强闪电可能会在距离风暴核心相当远的地方击中地面，这让许多认为风暴已经过去（或尚未到达）的人大吃一惊。图为美国内布拉斯加州的超强闪电

雷声的产生，是因为闪电通过时使空气过热，导致爆炸性膨胀，然后迅速收缩，产生声波。闪电在空中传播数千米，而隆隆的雷声则是由离你不同距离的分支闪电通道产生的。分支闪电的方位和附近山丘的回声会对雷声的性质和持续时间产生影响。声音穿过不同温度大气层所需时间不同，这一点也会影响雷声的持续时间。低强度的嘶嘶声，或是尖锐的爆裂声或咔嗒声，通常表明闪电离你比较近。如果闪电离你超过 1 千米，雷声通常由隆隆的轰鸣和几声巨响组成。有的雷声听起来像巨大的爆炸声，且几乎感觉不到音量减小，这种通常是由

高空闪电引起的。

　　光速比声速快 100 万倍，所以我们总是先看到闪电，再听到雷声。闪电的距离可以通过计算得出：首先记下从看见闪电到听到雷声间隔的秒数，然后用秒数除以 3 得到距离，单位为千米。例如，如果你在看到闪电 15 秒后才听到雷声，那么闪电距离你 5 千米。如果距离超过 15 千米，可能就听不到雷声了。附近闪电会引起空气爆炸性膨胀，从而产生雷声（一种声波冲击波）。这种声波可能会震动汽车，触发汽车警报，也会使窗户吱吱作响，甚至破碎，还会导致架子上的装饰品和墙上的图片掉落。然而，正如马克·吐温所写的：“雷，声势浩大，令人难忘；然而真正起作用的却是闪电。”

闪电也是一种电

　　闪电是雷暴过程中产生的巨大电火花。一些古代哲学家曾尝试过对闪电进行科学解释。比如亚里士多德在公元前 350 年左右表明，当干燥的热蒸汽从云层中挤出时，就会产生一道“雷电”（闪电）。老普林尼（23—79 年）曾提出，“两块石头相撞会产生火花。同样，两朵云相撞，闪电可能会闪现出来”。然而，直到 18 世纪，科学家们才正确地证明闪电是一种放电现象。几千年前，大多数人只是简单地接受了闪电是由他们的风暴神创造的。

当伊丽莎白一世的医生威廉·吉尔伯特展示，玻璃、琥珀等物质被丝绸、羊毛或皮革摩擦后，会吸引羽毛和其他物体或材料时，人们就有了科学解释闪电的基础。尽管这种效应在公元前600年左右就已由古希腊哲学家泰利斯首次证明，但吉尔伯特与它联系最密切，因为他把这种引力称为"electric"，即"电"，该词源于希腊语中表示琥珀的词语"electron"。到了18世纪中叶，人们已发明出可以产生静电的摩擦式电机：将圆筒、玻璃球或硫黄球安装在轴上，轴在与皮垫摩擦时转动，这促成了人们对"电魔法"的论证。在论证过程中，人们用电使铃铛发出声音，并探索了电的各种性质。1746年3月14日，诺莱特在凡尔赛宫招待路易十四及其朝臣，安排多达140人在镜厅，手拉手感受当时所谓的"电震荡"。

本杰明·富兰克林（1706—1790年）在费城进行了一系列关于电的实验，并与全世界分享了他的成果和见解。他解释并提供了科学实验，来证明闪电是一种大规模自然放电现象。富兰克林1743年在波士顿参加了苏格兰科学家阿奇博尔德·斯宾塞的演讲。他对斯宾塞的静电演示非常感兴趣，于是购买了他的一些设备，并写信给伦敦的朋友——英国皇家学会的成员彼得·柯林森，询问他对电的了解。柯林森向他赠送了一个"电管"——一种长约60厘米的玻璃管，通常用来转移电荷。用布摩擦玻璃管，然后用它触碰目标充电物。从1747年到1750年，富兰克林给彼得·柯林斯写了四封信，给另一位英国皇家学会成员约翰·米切尔写了一封，在信中描述了他的实验。柯林斯与英国皇家学会分享了这五封信，这些信于 1751 年 4 月以题为《在美国费城进行的电力实验和观测》发表。

富兰克林认为，正如许多人所想的那样，用木头或丝绸摩擦玻璃不会产生电，但是摩擦会使玻璃从摩擦材料中带走"电火"。无论羊毛或丝绸损失多少电火，玻璃上的电火都会等量增加。他用"正"和"负"来描述电的这些状态。玻璃被假定为带正电荷，而摩擦材料带负电荷。电既没有产生也没被破坏，只是简单地从一个地方转移到另一个地方的单流体，这种观点非常深刻。它有助于简化对许多先前观察结果的理解，并解释了电击是大自然恢复带负电荷和正电荷物体之间电荷平衡的结果。

关于闪电和雷声，富兰克林表明，如果实验室中的两个带电物体都能发出火花，并在放电时产生巨响，那么"40 平方千米的带电云"该会发出多大的巨响。他提出，云中的水蒸气是可以带电的，正电荷和负电荷将分开。当带电的云层经过一个区域时，"高大的树、高耸的塔、船的桅杆等会吸引电火，整个云就会放电"。

在给柯林斯的最后一封信中，富兰克林写道，"电流体是由点吸引的"，并敦促进行一个实际实验来检验这一理论。他计划用费城新建的教堂尖顶作为"点"，从云层中吸引电流体，但是尖塔的建造被推迟了。充满激情的富兰克林不愿等待，他决定"用一只在雷雨中飞翔的风筝吸引云里的电流体，以便给玻璃瓶充电，并进行其他实验。这些实验通常是通过摩擦玻璃球或玻璃管来完成的，从而证明电流体与闪电具有相似性"。

1752年6月，富兰克林做了一个由一条丝带和两根交叉的木棍组成的风筝。在竖直的木棍顶端，他绑了一根尖头的铁丝，高出木棍大约半米。风筝的底部拖着麻绳，上面系着一条丝带，尾端挂着一把金属钥匙。他躲在木屋下使丝带保持干燥。等到风筝升到一个相当高的高度后，他用指节碰了碰钥匙，而这一行为，引起了电火花。

自此，富兰克林证明雷云是带电的。接下来的一个半世纪里，关于造成损失、死亡和受伤的闪电事件的新闻报道，会将闪电称为"电流体"，公众对这一现象越来越熟悉。

虽然本杰明·富兰克林被认为是"电流体"理论的功臣，但首次验证这一观点的，是托马斯·弗朗索瓦·达利巴尔。1752年5月10日，他在巴黎附近首次验证了这一观点。当时，达利巴尔得到了一份富兰克林的信件副本，需要翻译成法语。这促使他对富兰克林的想法进行测试，因此在雷暴云形成时，他安排了一名法国士兵站在岗亭里。一根13米长的铁棒被放在岗亭上方的低矮木制平台上，底部有一个玻璃瓶使它绝缘，防止电

本杰明·富兰克林于1752 年 6 月在费城用风筝进行实验，以证明雷云带电以及闪电是电流体

流流动。随着雷暴形成，士兵拿着一根电线，一端与地面相连，这样电荷就会消散到地上，然后把另一端碰到铁棒上，这顿时引起了火花，士兵也有点惊讶，但幸存了下来。

在研究了闪电与电之后，富兰克林认识到，当闪电接近地球时，会寻找导电性良好的材料和物体，沿着阻力最小的路径前进。他探索了如何将雷暴中的闪电安全地引向地面，而不会造成任何伤害的方法。1752年9月，他把一根尖尖的铁棒安装在费城的家里的烟囱上。金属棒伸出烟囱上方约3米。棒子上有一根绝缘电线，沿着家里的楼梯向下伸到一个铁制水泵里，水泵会使电流接地。在楼梯上，他把电线分成12厘米长，在每一端各放了一个铃铛（其中一个接地），电线中间用丝带吊着一个小铜球。当带电云从头顶掠过时，球会在铃铛之间移动并撞击它们，这表明铁棒正在安全地将电流输送到地面。富兰克林评论道：

> "我发现，有时没有闪电或雷声，只有一片乌云笼罩在铁棒上方时，铃铛也会响；有时在闪电过后，它们会突然停止发出响声；有时它们没有发出响声，而在闪电之后会突然开始响起来；有时电流非常微弱，出现一个小火花后，在一段时间内就不会出现下一个；有时火花会不断产生，且非常快地跟着。有一次铃铛之间出现了连续电流。即使在同一阵风中，电流也有相当大的变化。"

富兰克林的妻子德博拉被铃声和闪烁的光线弄得心烦意乱。当富兰克林在伦敦时，她甚至写信问他如何断开这个实验装置。

本杰明·富兰克林在《穷理查年鉴》中，宣布他发明了避雷针，可以保护房屋和船只免受雷击：

> "如何保护房屋等免受雷击，终于让人类发现
> 了保护自己的住所和其他建筑物免受雷电灾害的
> 方法。方法如下：准备一个小铁棒（可能由钉工
> 使用的铁棒制成），但长度应确保一端能在潮湿的
> 地面上或进入地面90～120厘米，另一端可能高
> 出建筑物最高处180～240厘米。把约30厘米长的
> 铜丝拴在铁棒上端，相当于普通的编织针大小，并
> 将铜丝头部磨细，可以用几个小钉子把铁棒固定在
> 屋子里。如果房子或谷仓很长，则两头可能各有
> 一根铁棒和铜丝，用沿着屋脊的中等大小的电线
> 将两根铁棒连接起来。这样布置的房子不会被闪
> 电损坏。闪电会被铜丝吸引，沿着金属棒流向地
> 面，而不会伤害任何东西。此外，在船只桅杆顶
> 部固定一根尖头金属棒，金属棒底部接一根金属
> 丝，绕过桅索，伸到水里，这样船只就不会受到
> 雷击。"

到1762年，越来越多建筑物上安装了各种备受推崇
的避雷针，它们的防雷表现有助于富兰克林改进避雷针
的设计。当今世界的现代防雷准则仍然在很大程度上以
富兰克林的设计细节为基础。

本杰明·韦斯特1816年作品《本杰明·富兰克林从天空汲取电能》

美国新墨西哥州的闪电

雷雪与火山闪电

　　有时，暴风雪也会产生闪电和雷鸣，这一事件称为雷雪。这种情况很少发生，也许只有不到百分之一的暴风雪会产生雷雪。在冬季的暴风雪中，地表空气温度往往太低，无法产生形成雷暴所需的强烈的气流上升运动，而在这种运动中，旋转的冰晶、水滴和冰球会使电荷分离，从而形成闪电。不过，有时一股相对温暖潮湿空气进入暴风雪后，会引起雷暴电气化过程所需的强对流。例如，暴风雪在冬季经过北美五大湖等相对温暖的水域时，就有可能产生雷雪。

　　除了通过常见的雷暴形成机制来分离大气中的正负电荷，闪电也可通过其他自然因素发生。无论是否形成积雨云，大型火山喷发上方充满沙砾的湍流都可能产生壮观的闪电。一种解释是，不同大小和形状的火山灰颗粒在喷发过程中因摩擦带电，然后分离，因此可能引发闪电。较大的带正电颗粒向下移动，较小的带负电颗粒向上移动。当电荷差足够大时，闪电就会发生。79年，意大利维苏威火山喷发的特征之一就是火山闪电，这次喷发吞没了庞贝古城和赫库兰尼姆城。小普林尼（约61—约113年）目睹了这一事件，他眼睁睁地看着叔叔老普林尼试图划船去营救朋友时丧生，"我们身后是可怕的乌云，在闪电的作用下翻滚着，乌云内露出巨大的

2010 年 4 月，冰岛埃亚菲亚德拉冰盖附近的火山喷发时形成闪电

火焰"。

　　雷击可能引起野火，随后猛烈的野火会产生上升的热量和浓烟，也可能在其上方直接形成雷暴云，引发更多闪电，这种类型的雷暴称为积雨云风暴。不幸的是，尽管它们能产生闪电，但由于过量的烟雾颗粒阻碍了降水的形成，它们几乎不会产生灭火所需的雨水。

　　干旱和半干旱地区的沙尘暴也可能产生闪电。不过，其中产生足够电荷转移和分离，从而引发闪电的过程，仍然是研究的重点。这是因为沙粒是绝缘体，而不是导体。并且与火山颗粒不同，沙粒在大小、形状和化学成分上或多或少是相似的。

野火产生的烟雾可能形成积雨云，产生闪电，但没有或很少降雨，图为 **2006** 年亚利桑那州凯巴布国家森林公园野火烟雾形成的积雨云

球状闪电

在极少数情况下，球状闪电或带电的"火球"会在雷暴期间突然出现在室外、建筑物或飞机内部，通常与雷击同时发生或在雷击后几秒内发生。球状闪电被描述为一个发光的球体，大小从高尔夫球到足球不等，颜色通常为白黄相间或红橙相间，尽管也有人观察到绿色的球状闪电。球状闪电通常是无声的，但有一些人说它会发出噼啪声、嗡嗡声或嘶嘶声，伴随着硫黄味。当它飘浮在空中时，似乎随着气流移动。这就解释了为什么有

时它似乎会被目击者引去，目击者惊恐地逃离它，但震惊地发现它会跟过去。球状闪电通常传播距离小于 5 米，持续时间能达到几秒钟（不过很少超过 10 秒），这与更常见的云对地闪电的毫秒持续时间形成了鲜明对比。据目击者描述，球状闪电会瞬间无声地消失，但有时也会令人不悦地爆炸，造成局部破坏。据报道，球状闪电能熔化玻璃窗、烧毁物品，甚至造成过人员死亡。例如，1753 年，在圣彼得堡的一场雷雨中，研究人员乔治·威廉·里奇曼在进行电学实验时被一个"蓝色火球"杀死。

不过，一些研究人员称，球状闪电是一种错觉，是视网膜对附近闪电突如其来的强光作出反应的结果。另一些人认为，与闪电有关的强磁场可能会刺激大脑的视觉皮层或眼睛的视网膜，让人产生看见发光球的幻觉。尽管摄影师当时没有注意到球状闪电，但那些据称显示了静止的球状闪电或球状闪电留下的痕迹的照片，则可以通过附近物体的光反射或相机的移动来解释。例如，无意中捕获的路灯静止光变成了整个胶片上的曲折的光亮轨迹。或者说那些照片甚至可能是摄影师故意伪造的。出故障的燃气灶可能会产生一个低密度的燃气燃烧球，突然出现在厨房里。来自电器和插座的火花也可能会产生一种在观察者看来非常明亮的球状图像。然而，许多世纪以来，很多球状闪电的案例不能用以上方法解释。

1963 年 3 月 19 日，肯特大学电子学教授罗杰·詹尼森报告了自己在一次商业飞行中穿越纽约上空雷暴云

克里斯托弗·查特菲尔德在 21 世纪绘制的一幅画，描绘了 1843 年巴黎雷雨期间，球状闪电（火球）通过烟囱进入一个裁缝家里的情景

的经历，在那次报告之后，科学界开始更愿意接受球状闪电的存在。和机舱里的其他人一样，罗杰看到一个直径约 20 厘米的发光球体从驾驶舱舱壁里冒了出来，沿着飞机过道缓缓飘下，离地面不到 1 米，并从他身边经过。罗杰说球体看起来很结实，是蓝白色的。它在飞机机舱

后部融入舱壁，消失在夜色中。刹那间，球状闪电成了一个值得研究的领域。

近年来，科学家们提出，球状闪电是闪电击中地面并使土壤中的水分子或黏土和沙子（特别是硅）的纳米颗粒电离时形成的球状等离子体（带电粒子重组成原子并发光）。科学家在实验室里利用高压放电或微波，使水或其他物质汽化，制造出了持续时间较短的发光球。然而，到目前为止，人们还没有对球状闪电形成的过程达成共识，一些怀疑论者仍旧质疑它的存在。尽管存在这些不确定因素，一些地区的民间传说还是认为球状闪电的存在是理所应当的。一些家庭会在后门放置装有食盐的容器，以吸引任何"火球"无害地沉入其中。

第4章 闪电对人类活动的威胁

闪电对全世界大部分地区的人们造成了巨大威胁，许多国家因闪电造成的损坏、破坏和为相应的保护措施而付出了巨大的经济代价。大片的森林和草原以及成百上千的房屋可能会被闪电引起的野火烧毁。建筑物和室内电气设备可能被电涌电流和火灾损坏。企业和家庭可能因电网基础设施受损而失去电力供应。船只、飞机和航天器可能因雷击受损。治疗雷击受害者的健康成本、闪电对国家和国际经济造成的干扰和延误、雷电防护措施的巨大投资成本，这些都意味着雷电仍然是主要的气象灾害。

闪电造成的伤亡

全世界每年都有成千上万的人可能因闪电而受伤或死亡。根据各个国家自2000年起发布的数据，热带和亚热带非洲、南美和亚洲国家因闪电造成的死亡人数最多，其中巴西每百万人口中有0.8人死亡（2000—2009年）、柬埔寨 7.9 人（2007—2011 年）、哥伦比亚 1.8 人（2000—2009 年）、马来西亚 0.8 人（2008—2011 年）、斯威士兰 15.5 人（2000—2007 年）和津巴布韦 14 至 21 人（2004—2013 年）。相比之下，工业发达的欧洲国家和澳大利亚、加拿大、日本和美国等国家，目前每百万人口中因雷击死亡的人数不到 0.5 人，在某些情况下甚至少于 0.1 人。

闪电造成的死亡率反映了很多方面：雷击频率、从事户外工作的人数（特别是劳动力集约化农业工作）、对户外工作和建筑物采取的健康和安全保护措施的严格程度、能否对雷击造成的伤亡提供及时有效的医疗以及能否成功地开展公共教育活动，鼓励人们不要冒被雷击的风险。

随着国家工业化程度的提高，更多人在城市地区的工厂和办公室工作，而不是在农村地区从事户外工作，与闪电有关的死亡人数随着时间推移而大幅减少。在城市地区工作和生活意味着大多数人受到了坚固建筑物的保护。相比之下，传统的木制和茅草房屋对居住者的保护作用很小，甚至没有保护作用。2014 年 10 月，闪电击中了哥伦比亚内华达山脉瓜查卡镇附近一座茅草屋顶、土坯墙的小屋，造成 11 人死亡、15 人受伤。在过去的一个世纪里，美国和欧洲国家因闪电死亡的人数显著减少。例如，美国每年因闪电造成的平均死亡率从 1900 年到 1909 年的百万分之四点八，下降到 2000 年到 2009 年的百万分之零点二。实际上，这意味着因闪电死亡的人数从 20 世纪

随着人口从农村地区转移到城市地区，因闪电造成的死亡率有所下降

新墨西哥州的闪电

上半叶一些年份的 450 多人，减少到最近几年的不到 30
人。在英国，这一比例从 1900 年到 1909 年的百万分之零
点三九，降至 2000 年到 2009 年的百万分之零点零二。在
19 世纪初的一些年份，英国每年的实际死亡人数约为 30
人，但在过去十年中，有些年份无人因闪电死亡。因雷击
受伤的人数则可能是死亡人数的 10 到 20 倍。

闪电的人体效应

尽管闪电是一种潜在的致命高压电流，但它与人体的接触时间只有几分之一秒，通常不足以使皮肤的电阻破坏，电流也无法进入身体。相反，如果有人误触室内电路或室外电缆裸露的电线，就会遭受持续电流的影响，这种电流的持续性和闪电的短暂性形成鲜明对比。闪电放电的短暂性，可能会导致大部分电流"闪过"一个人的皮肤或衣服表面，尤其是当他的身上是湿着的时候，而不会全部或大部分穿过皮肤，流入人体，造成严重伤害，如心脏停止跳动、肺损伤、脑损伤或其他器官损伤。不过，这并不意味着穿一件湿雨衣就可以抵御雷击。真正解释了为什么这么多人在雷击中幸存下来的，其实是表面的闪络效应。

为了证明湿物体能比干物体更有效地传导电流，研究人员在位于牛津附近的实验室里，生成了 200 000 安培的电流，并将其施加到新砍下的树桩上。若为干树桩，则会炸开，但若为湿木桩（据称类似于被雨水浸透的人），由于表面发生了闪络效应，只有外部树皮轻微撕裂。本杰明·富兰克林是最早注意到湿衣服能在雷击时提供体表导电通路的人之一。他的类似实验发现，"湿老鼠不会被爆炸的电瓶杀死，而干老鼠可能会"。或者用今天的话语表述为，"你无法电死一只湿老鼠"。

　　若被闪电直接击中，有些人可能会遭受严重烧伤，但许多人则相对毫发无损，只受到轻微电击和烧伤。为什么直接雷击会导致部分或全部电流穿透身体，而不是闪过体表，这一点有待进一步研究。相关记录显示，即使雷击在几乎相同的情况下发生，在不同被击者身上，可能产生截然不同的结果。其中一些原因可能是由于电压和电流的大小不同、单次云对地闪电放电的差异和持续时间不同，这些方面存在的变动很大。但显然还有很多方面有待进一步研究。

　　当闪电通过皮肤，产生热量，使出汗部位的水分达到沸点并蒸发时，就会造成体表烧伤或局部厚度烧伤。电流在流向地面时，可能会沿着汗液流动，因为湿润的皮肤表面比周围干燥皮肤的导电性更好。烧痕可能呈明显的线条状，通常达4厘米宽，也可能呈区域状，如胸腔、脊柱、腋下、乳房下方和腹股沟周围区域。随着电流试图流入地面，线性烧痕可能会沿着一条或两条腿继续向下延伸。

　　如果脚部皮肤上的汗液突然剧烈蒸发，那么在鞋内相对干燥、密闭且紧身的空间中，袜子可能会被撕破，鞋也可能会裂开。这就发生在一个瑞典女孩身上过。1994年7月，16岁的她在斯德哥尔摩附近的耶夫勒参加足球比赛。比赛仅仅进行了几分钟，球场附近就出现了雷暴。她被闪电击中，心肺骤停4分钟后才苏醒。在被击中时，鞋子内部水分剧烈蒸发，鞋子里的一股力量将她吹起，腾空摔倒。鞋子和护腿被撕成碎片，并被点燃。她全身严重烧伤，丧失了听力。尽管经历了这可怕的磨难，当她在医院里完全恢复意识时，第一个问题却是："谁赢了？"

遭受严重的全厚度烧伤（同时破坏真皮和表皮），或失去意识的人，尽管可能会经历严重的长期损伤，但是如果没有心肺骤停，死亡的可能性很小。如果被烧伤后立即死亡，死亡并不像许多人认为的那样，是由烧伤引起的，而是因为心跳和呼吸停止。如果雷击导致心搏骤停，健康的、供养充足的心脏通常能依靠自律性在短时间内自发恢复正常心跳。然而，由脑干髓质呼吸中枢麻痹引起的呼吸骤停，可能比心搏骤停持续的时间要长得多。因此，除非被击者能立即接受静脉输液，否则伴随的缺氧可能导致心律失常和继发性心搏骤停。这突出了对被击者进行心肺复苏的重要性，尽管通常需要在20到30分钟内恢复脉搏，才能让他们存活。

在某些情况下，闪络效应的独特证据十分明显，即在被击者皮肤表面留下粉色或红色的、类似蕨类植物的分枝图案。格奥尔格·克里斯托弗·利希滕贝格（1742—1799年）在1777年首次描述了这种令人吃惊的现象。并且自1976年起，"利希滕贝格图样"一词就被用来描述这种图案。这种图案不是由烧伤造成的，并且只发生在被击者身上，尽管也可以人为创造。它们可能出现在躯干和四肢上，但通常不会出现在脸部、手和脚上。它们可能在雷击发生半小时甚至几个小时后才显现出来，并随着时间的推移逐渐消失，持续时间从数小时到 24 小时甚至到 48 小时不等。在特殊情况下，这些图案几天后可能仍然可见。它们被描述为一种重复分支，非常像从空中看到的树枝状水系图案。来自闪电的电子似乎被驱使进入表皮并在那里积聚，直到电场超过皮肤细胞的介电击穿强度。此后，电子从一个点向外辐射，形成特征性分支图案。电流形成的图案有时会从接触皮肤的金属物体（如珠宝）处散发出来，或在其附近结束，这解释了为什么一些报告将被击者身上红色的图案描述为"像雪花一样"。利希滕贝格图样不仅可能出现在那些在户外被闪电击中的人身上，也可能出现在那些在室内

苏格兰格拉斯哥的一个 10 岁女孩手臂上的利希滕贝格图样，当闪电击中房子时，她正在触摸一个金属水槽

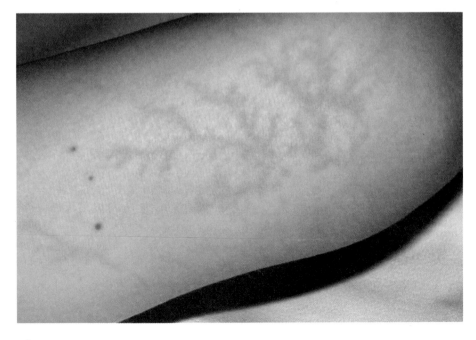

遭受闪电电流的人身上。

有些闪电受害者可能经历长期或慢性的健康影响，在许多情况下可能与急性影响一样严重。这些影响包括以下一种或多种：视力衰退、白内障、耳鸣、不完全耳聋、睡眠障碍、性功能障碍、焦虑、抑郁、情绪波动、易怒、注意力缺陷、记忆缺陷、头晕、疲劳、麻木、关节僵硬、感觉异常和畏光。一些受害者可能遭受多年的心理和情绪问题：焦虑、情绪波动、抑郁和创伤后应激障碍。这些变化不仅对被击者来说难以理解和克服，对他们的家人、朋友和同事来说也是如此。格蕾特尔·埃利希就曾讲述过她从美国一次致命的直接雷击中恢复多年的感人经历。有一些组织，如总部位于北卡罗来纳州杰克逊维尔的非营利性组织、国际雷击和电击幸存者组织，为幸存者及其家人，在健康快乐方面提供持续的相互支持和教育。

项链、腰带扣和手机

热烧伤是指在佩戴或携带小型金属物体时，发生的表层或部分厚度烧伤。携带或佩戴项链、手镯、戒指、耳环、穿铁钉制装饰、皮带扣、拉链、眼镜、钥匙、硬币或钢托文胸（尽管这种文胸的刚性半圆形"金属丝"可能越来越多地由模压塑料制成），并不会增加人们被雷击的概率。不过，它们是良导体，可能被加热到非常高的温度，造成皮肤轻微烧伤，有时会留下所戴金属物体形状的印记。那些非常薄的金属物体，如项链，可能会直接蒸发掉。以前的人们一定对此非常震惊：

> "1749 年，一位手臂上戴着金手镯的女士，在雷雨时抬起手去关窗户，手镯突然消失了，一点痕迹也没有留下，这位女士则受了轻伤。"

雷击受害者身上存在的与金属物体有关的烧伤，让人们长期误以为佩戴的金属物体会引来闪电，应该在雷暴期间丢弃。例如，在 19 世纪中叶，备受欢迎的英国科学家狄奥尼修斯·拉德纳（1793—1859）在演讲中断言："要想在雷暴期间免受雷击，就意味着将身上所有金属附属物，如链子、手表、耳环、发饰等放在一边……"最大的危险来自女性紧身内衣上使用的钢条或钢板（弯曲钢制支撑条），所有不想招来闪电的女士都应该舍弃它们。

对贴身或离身体很近的金属物体的担忧是，它们可能会破坏表面的闪络效应，并导致一些电流进入人体。这也许可以解释 1984 年 4 月 7 日爱尔兰巴尔陲，一名高尔夫球手遭到雷击时发生的事情。当时他手里拿着一把收拢的伞，肩上扛着一袋黄金球杆。当闪电击中他时，完全烧毁了他的衣服和金属钉鞋，雨伞像导弹一样射入地面。他的右手和右脚受了重伤，全身大面积烧伤，耳雷击时，靠近身体的金属可能会被加热到非常高的温度，导致烧伤。在 18 世纪，珠宝和女性紧身胸衣中使用的钢制支架都有被雷击的危险，因此 1778 年有人发明了一种避雷针帽子，以将电流从身体中转移出去，但尚无对其进行测试的相关记录

膜破裂，以及医生只能归因于肠子突然扩张造成的内部损伤。在一次手术中，他的肠子被发现有六处穿孔，腹部严重发炎。外科医生认为，当电流通过他的肠子时，肠内气体迅速膨胀，使肠子多处爆裂。腰带上的铜扣可能为电流进入腹部提供了一个入口。不过，经过手术后，他在短短 6 个月后又开始打高尔夫球了。

加拿大温哥华一名 37 岁的男子在一边慢跑，一边戴着耳机用手机听音乐时，突然被闪电击中。他摔倒在地，胸部和左腿部分重度烧伤。此外，耳朵到脖子再到胸部有两处线状烧伤，两个耳膜都破裂了。治疗他的医务人员认为，虽然使用手机并没有增加他被击中的概率，但是"汗水和金属耳机的结合，将电流引导到了患者的头部"。

手机在户外的使用越来越频繁，导致越来越多用户被雷击后遭受局部烧伤，因为塑料和金属手机会迅速升温。但是，更重要的是手机可能会破坏表面的闪络效应，并为部分电流进入人体提供通路，从而导致耳膜破裂，并可能对大脑产生影响。据报道，韩国和马来西亚都发生过雷暴期间在户外使用手机被闪电击中身亡的事件。然而，手机是否真的会为电流提供进入人体的通道，这一问题仍存在争议。首先，它们肯定不会增加被雷击的风险。此外，对雷雨期间使用手机的担忧不应成为人们随身携带手机的阻碍，毕竟如果附近有人被雷击，他们需要手机拨打急救电话。

闪电是如何电击人体的

闪电中的电流到达人体并造成伤害的途径有很多。常见的有直接雷击、接地电流、旁侧闪击（电流从附近正在传导电流的物体处跳跃或飞溅）、接触电压（与被雷击的物体接触）、地表电弧、未连接的上行电荷流以及随后从绝缘物体处（如金属屋顶）释放的电流。

曾经发生了一些奇怪的事件，起因就是接地电流。在这些事件中，许多人，有时是整支队伍，同时腾空摔倒在地。2008年8月，在德国黑森州，瓦尔德-米谢尔巴赫少年队和成年队之间进行的一场足球训练赛中，闪电造成32名球员和观众受伤。电击导致腿部肌肉剧烈痉挛，所有人都摔倒在地。其中2人被救援直升机送往重症监护室，另外7人在医院接受治疗，23人因受伤较轻在现场接受医生检查和治疗。

当闪电击中开阔的地面、树木、柱子或人时，接地电流就会使上述情景发生。电流会从雷击点向外扩散，就像向池塘里投入鹅卵石时扩散出的涟漪，这种电流称为纹波电流。对于靠近打击点和纹波电流传播区域内的人来说，当与纹波成一定角度时，他们的双脚之间会产生一个电压差。由于人体对电流的电阻比脚下的地面小，这种电压差就会驱动电流沿着一条腿向上移动，另一条腿向下移动。随着腿部肌肉剧烈痉挛，他们就可能会摔倒，并且之后发现自己很难站起来，这是因为在遭受雷击后的几分钟甚至数小时内，腿部会持续麻木或瘫痪。双脚间距越大（且与传播波纹的角度越接近直角），离雷击点越近，闪电的电压和电流越高，土壤电阻率越高（沙子比黏土电阻率高，干燥的土壤比潮湿的土壤电阻率高），那么受到跨步电压或接地电流的影响就会越大。有些人曾经在距离雷击点 15 至 30 米处，仍受到接地电流的影响。

实际上，有很多"雷击"事件其实是接地电流造成的，但通常不会被人们意识到。这是因为受害者离雷击点太近，会看到令人目眩的强光，听到震耳欲聋的巨响，然后受到突如其来的电击（尽管这种电流通常比直接雷击的电流小得多）。然而，在某些情况下，有人正好处于雷击点，那么雷击可能对他们造成严重伤害，甚至死亡。而雷击点附近的许多人会摔倒在地，他们往往只受到轻微伤害。

有时，闪电击中地面后，不会继续向下穿透地面进而产生接地电流，而是在雷击点处以射线的形式，向四周散开，在地表形成电弧。有时，雷击点周围 5 到 10 米范围内的草都会被烧焦，显露出地表电弧的图案。站在一个电荷聚集的地表电弧区域，引起的电击可能比更分散地向外流动的接地电流带来的更强。

当雷暴经过某片区域时，会吸引来自地面物体的上行电荷流。在这些电荷流中，最终可能只有一束能与下行先导成功连接，从而引发闪电。那些未连接的上行电荷流可能会让头发竖起来，或让一些物体发出嗡嗡声或噼啪声。在极端情况下，它们产生的电流足以造成轻微伤害。未连接的上行电荷流会从人体最高部位流入空气，因此强烈的电荷流对眼睛和大脑的产生的电效应令人担忧。幸运的是，未连接的电荷流产生的电流比直接雷击

闪电中的电流到达人体的途径：A. 直接雷击，B. 接地电流（跨步电压效应），C. 旁侧闪击（电流飞溅），D. 接触电压，E. 地表电弧，F. 上行电荷流，G. 随后从绝缘物体处放电

加利福尼亚州红杉国家公园，在雷击发生之前，兄弟姐妹肖恩、玛丽和迈克·麦克奎尔肯的头发就竖了起来。雷击发生后，肖恩摔倒昏迷不醒，后被迈克救活。而附近的另一人不幸身亡

产生的电流小 10 到 50 倍。

一位曾于 2011 年 12 月攀登过厄瓜多尔最高峰之一的登山者回忆道，在山顶附近时：

"放在背包上的登山杆上的金属，突然开始嗡嗡作响。然后安全带上的锁扣（金属夹）也开始嗡嗡作响。空气中出现了电流，雷暴即将来临。于是我们开始快速下降，赶回山上的避难所。所有的东西都在嗡嗡作响，我感到后背的锁扣处很烫。那感觉就像碰到了一个电栅栏。为了避免烫伤，我加快了下降速度。"

在 1975 年的加利福尼亚州，两兄弟和他们的姐姐站在一个观测点俯瞰红杉国家公园，突然他们的头发开始竖起来。于是他们互相拍照。5 分钟后，闪电击中了观测点站台，他们摔倒在地。其中一位兄弟昏迷不醒，不得不接受抢救。不幸的是，附近还有两人也遭到雷击，其中一人死亡。

雷击造成的间接伤害

闪电击中地面时，会在附近产生巨大的压力或冲击波。空气受热，剧烈膨胀，产生的冲击波的压力在 10 到 30 个大气压之间。除了受到电流和高热量的直接影响，1

米左右范围内的人还可能被冲击波击倒，衣服被部分撕裂。不仅可能因摔倒导致钝挫伤，造成瘀伤和骨折，还可能因耳膜破裂导致耳聋，以及因冲击波而软组织破损和骨折，通常是足部骨折。闪电中的电流很大，可能会在闪电通道周围产生强磁场，使人体内产生短促的大电流，导致心脏停止跳动（即心脏停搏）或心室快速颤动（即心律失常，通常致命）。譬如，在某些情况下，一些年轻健康的登山者和徒步旅行者被发现在山里死亡，而身上却没有明显的雷击迹象，如烧伤。

在室内遭雷击

闪电也会对室内的人造成危险。在所有遭受过雷击的人中，有相当一部分当时都在室内。在极少数情况下，闪电会穿过建筑物中打开的窗户或外门，直接击中受害者（有时是因为他们站在窗口或门口附近观看雷暴的壮观场面）。更常见的情况是，闪电会引起建筑物电路或管道中流动的电流急剧上升。坚固的建筑物通常能提供保护，因为当闪电击中屋顶时，电流会被传导到建筑物外部的地面，从而保证居住者的安全。然而，有时闪电击中建筑物后，可能会与阁楼内的电线或金属管道接触，导致电流在流入地面之前，会在建筑物内部传导一段时间。通过建筑物外部的高电压，即使未被闪电击穿，也可能使内部电路产生电涌。如果此时有人触碰电器（如电视机、电脑或熨斗）、金属暖气片或水槽，就可能触电。靠近这些物体的人则可能会受到旁侧闪击。一般来说，但并非总是如此，室内雷击事件中的重伤或死亡风险远低于室外事件。这是因为电线、电话线以及电气和电子设备上安装有电涌保护器，可以降低过大的电压和电流。

有一种情况经常发生。当闪电击中房子或附近时，住户正手持有线电话，突然听到外面的巨响和电话里的咔嗒声，这可能导致耳膜破裂、耳鸣（耳朵里有响声）、轻微烧伤或剧烈的肌肉痉挛，使他们摔倒在房间里。听筒离耳朵越近，伤势就会越严重。在某些情况下，可能会看到电话听筒里冒出火花。最坏的情况，平衡问题、头痛、睡眠障碍以及眼睛和耳朵方面的问题可能会持续数月甚至数年，甚至可能发展成白内障，需要手术治疗。相比之下，室内使用的无线电话和智能手机则不会引来雷击，"因为它们没有连接到室外线路，而闪电正是沿着这些线路引发电涌"。

不止一次被击中

2013 年，一名哥伦比亚男子亚历山大·曼顿在短短 6 个月内遭到 4 次雷击，这让他很苦恼。

来自南卡罗来纳州的梅尔文·罗伯茨至今已经在 6 次雷击中幸存了下来。最近的一次雷击发生在 2011 年 6

月，他的腿和脚都被烧伤了，戴手表处也有烧焦的痕迹。再上一次雷击发生在 2007 年，让他坐了一年轮椅。当暴风雨来临时，他最关心的似乎不是自己遭到雷击的危险，而是到外面去把设备和饲养的小鸡遮好。同样，来自俄克拉荷马城的卡尔·米兹在 1978 年至 2006 年间遭受过 6 次雷击。在一次雷击后，他因为烧伤住院四天。自从最近一次被雷击以来，米兹一看到暴风雨接近，就会寻找躲避处。弗吉尼亚州的一名公园管理员罗伊·沙利文一生经历过 7 次雷击。第一次被击中发生在 1942 年，沙利文失去了大脚趾的指甲；然后在 1969 年，他的眉毛被烧；1970 年，左肩被烧焦；1972 年，头发烧着了；1973 年，重新长出的头发再次被点燃；1976 年，脚踝受伤；1977 年胸部和胃部烧伤。1983 年，71 岁的沙利文死于自己造成的枪伤。

与闪电共处，降低雷击风险

闪电很危险，因此我们需要学会如何与它共处。我们需要确保在雷暴预报发出后，或附近正在形成雷暴时，尽量不暴露在闪电之下。在计划户外工作和休闲活动时，需要将雷暴预报考虑在内。免受闪电伤害的关键只不过是避免在错误的时间出现在错误的地方。幸运的是，近年来，国家和地方在预警方面有了很大改善，全球和全国闪电探测地面网络和卫星传感器可以不断更新闪电发生位置。这些信息可以通过电视、电脑、平板电脑、收音机和手机传达给个人或机构。智能手机应用程序可以显示用户附近的雷击位置，如果雷击点距离过近，还会弹出"立即寻找躲避处"的建议。还有一些其他形式的手持式早期预警闪电探测器也是可用的。

　　为了确定闪电何时会构成严重威胁，一些国家采用30—30规则。如果在看到闪电的30秒内听到雷声，建议寻找躲避处。从"闪电到巨响"只需30秒或不到30秒，意味着闪电距离很近——10千米以内，有雷击危险。尽管即使"闪电到爆炸"间隔超过30秒，附近也有轻微的雷击风险，但30秒这一时间结束段被认为足以涵盖最危险的情况。30—30规则的另一部分是，等到最后一次闪电

较远距离处也可能发生连续雷击：30—30规则规定在最后一次闪电结束至少30分钟后，再离开躲避处。图为新墨西哥州闪电

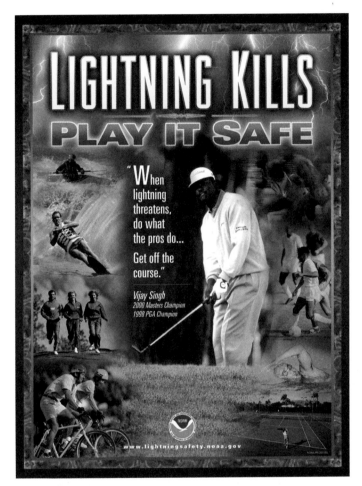

的整整 30 分钟后，才能恢复户外活动（"离最后一次雷
声已经半小时了，现在可以安全出门了！"）。很多时候，
受害者没有意识到闪电可以击中很远的地方，于是错误
地认为，强降水和昏暗的雷暴中心已经远离附近，因此
他们是安全的。

　　现在，互联网上有很多关于闪电带来的危险的公共

教育信息。在一年中首次闪电造成伤亡事件之后，或者在雷暴季节开始时（如果当地雷暴有显著的季节性分布），人们会在一些特殊的闪电悲剧事件的周年纪念日上，举办很多公共活动，提供特别针对户外职业者和高雷击风险的休闲活动的建议和指导。一些国家在每年6月举办全国雷电安全意识周，每一天都专注于雷电威胁的一个方面，以及如何降低对个人和群体造成的风险。提供的指导简短又好记，如"看到闪电，不要露面；听到雷鸣，等待天晴""马不停蹄，结束游戏"和"见机行事，远离水池"。各大体育俱乐部被建议制定雷电安全政策和计划，以尽量减少受伤事件的发生。雷电来袭时，应减少或推迟户外活动，这样可以挽救生命。

在某些国家，高尔夫球场、公园、学校、室外公共泳池和其他公共设施，都安装了雷电探测和预警系统。这些系统可以与地区或国家探测和预报中心相连，也可以是独立系统。佛罗里达州在这方面做得比较完善，因为它比其他州经历了更多的雷击和伤亡事件。通常情况下，在附近出现闪电的几分钟前，预警喇叭会发出15秒长的预警。听到警报的人应停止户外活动，并躲到附近的坚固建筑物内或封闭的机动车里。在雷电来袭期间，连接在喇叭上的闪光灯会持续闪烁。在安全情况下，喇叭会发出3段5秒钟的警报，表明雷击风险已经消失。

许多国家的高尔夫球场都安装了预警系统。系统一旦启动，将通知球场会员停止打球，返回俱乐部会所，并且途中避开高大的树木和金属栅栏。不幸的是，一些高尔夫球手并没有听从警告和建议，继续他们的击球回合，或在附近的树下避难，从而导致悲剧的发生。尽管在过去的三四十年里，高尔夫球手一直是美国的主要闪电受害者，不过情况正在改变。2006 年至 2012 年，美国共有 238 人死于雷击，其中近三分之二当时正在进行户外休闲活动。在这 7 年里，死于雷击的垂钓者人数是高尔夫球手的 3 倍多，而露营和划船的人数都几乎是高尔夫球手的 2 倍。2006 年至 2012 年，共有 26 起垂钓死亡事件、15 起露营死亡事件、14 起划船死亡事件和 11 起海滩死亡事件。在体育活动中，玩橄榄球的死亡人数最多（12 人），而打高尔夫球的死亡人数为 8 人。

雷暴期间应避开的地方和可以用于躲避的地方

雷暴发生时应避免的地点包括山区、山顶、沼泽地或开阔的空地，如农田、运动场、高尔夫球场、海滩和开阔水域，因为人体可能是这些区域里的最高点。在孟加拉国，由于农民和农场工人要在雨季暴雨来临时，不顾一切地收割水稻，将其从洪水和破坏中拯救出来，因此发生在开阔田地的雷击造成大量人员死亡。相比之下，在许多工业化国家，越来越多的进行户外休闲活动的人，而不是户外职业者死于雷击。

雷暴期间应避免站在高大的树下，因为它的高度对

闪电很有"吸引力"。形成云对地闪电的阶梯先导以阶梯或喷射流（20 至 50 米长）的方式接近地面，直到与地面上行的电荷流连接。一棵孤立的 20 到 30 米高的树是吸引最后一个阶梯先导的强有力竞争者，此阶梯先导与树相连后会引发闪电。闪电会通过树干接地，或在沿着树干向下的时候发生侧击，以寻找更优良的导体，而这些导体可能是人、动物或栅栏。经常一群人在树下躲避，等到有人被闪电击中，他才会想起之前人群中早已有人说过，他们不应该在这样的地方躲避，因为会增加被雷击的风险。

一个人，即使在相对开阔的地方手持大型金属物体或较长的物体，比如高尔夫球杆、伞、鱼竿或铁锹，也明显比一棵成熟的树矮得多。但是，手持此类物体的人所产生的上行电荷流，相较于周围 2 到 3 米范围内的平坦地面，为闪电提供了更优先的连接点。而这增加了被闪电击中的概率，但前提是闪电本来就会击中这一很小半径范围内的地方。言下之意是人们应该避免在雷雨期间举着高大的物体，特别是在空地上。

雷雨期间，最安全的地方是较大的坚固建筑物内，这样的建筑物能在外部传导电流，保护居住者。一些旨在增强人们雷电安全意识的公共活动则强调这一建议："当雷声轰鸣时，待在室内。"尽管建筑物通常是安全的，特别是以正确方式接地的电路和管道，但如前所述，如果闪电击中建筑物或附近，使电路和管道中的电流急剧

闪电狮里昂的海报，旨在提高儿童的防雷电安全意识

上升，就有可能发生危险。在闪电击中建筑物时，任何接触到电路或与其相连的器具（电话、金属水槽）的人，都可能会触电。

　　有些封闭车辆拥有坚固的金属车顶和侧面车身，也是相对安全的躲避处。这是因为金属车身起到法拉第笼的作用，在乘车人周围安全地传导电流，然后通过轮胎（通常是湿轮胎）接地，或者在金属车身到地面的短距离内形成电弧。有时，雷击可能会损坏轮胎，在车身上留下凹痕，或打碎挡风玻璃。因此建议乘客保持车窗关闭，手臂远离车辆侧面，以确保电流不会进入车内或与身体接触。不过，敞篷车和软顶敞篷车并不安全。1979 年，

英国温切斯特郊外透过汽车挡风玻璃看到的闪电。遭遇雷电威胁时，拥有坚硬金属车顶和侧面的封闭车辆，是一个相对安全的躲避处

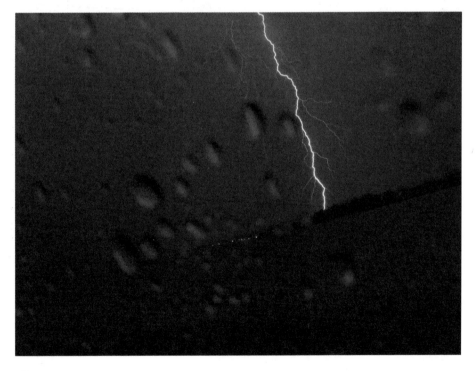

闪电击中了得克萨斯州的一辆敞篷车，坐在后面的3名乘客丧生。

如果附近有闪电发生时自己恰好在开阔地带，并且找不到可以用于躲避的坚固建筑或封闭车辆，则可以采取预防措施来降低被击中的风险。远离较大或较长的金属物体（例如铁丝网），找一个海拔较低的地方（例如，洞、深沟或干燥的沟里），并采取"防闪电蹲伏"姿势。这意味着蹲得越低越好，以降低你的高度。同时把头埋下去，因为被击中肩膀比击中头部的潜在伤害更小。双手放在膝盖上，双脚并拢，以减小闪电击中附近时可能经历的接地电流的影响（跨步电压效应），这也是为什么不应该平躺在地面上的原因。若长时间保持"防闪电蹲伏"姿势，会很不舒服，因此对于那些附近已经有闪电发生的人来说，这是万不得已的选择。

野　火

闪电引发的野火不仅对人、牲畜和野生动物构成生命威胁，也造成了自然植被和商品林的大量损失。城镇和村庄可能被烧毁，文化和历史遗迹也可能永远消失。在澳大利亚、加拿大和美国等国，闪电是引起野火的主要原因。野火这一术语包括森林、草原和丛林火灾。另一个主要原因，同时也是导致火灾数量不断增加的原因，就是人为因素（无论他们是意外还是故意引发火灾）。然

美国内华达山脉上的布告牌，警告徒步旅行者如果雷暴来袭，请回到安全的车内

而，闪电引发的野火往往是范围最大的，因为它们可能发生在人们不易接近的地区，难以应对。

为减少野火危害，人们已经采取了一些措施。预测闪电活动和火灾风险，通过卫星和飞机及早发现火灾，以及限制燃烧（对燃烧进行管控，以减少易燃物数量）。

发生野火时，成百上千名专业消防员要冒着生命危险应对火灾。2013年6月28日，闪电在美国亚利桑那州亚内尔山附近引发了野火。由于严重干旱、空气干燥、高温（38摄氏度）和强风，火势迅速肆意蔓延。到7月1日，亚内尔山大火过火面积已扩大到33.6平方千米。400名消防员奋力控制火势，社区民众紧急疏散。在6月30日时，火场以东形成雷暴，风力加强，火势迅速扩大并改变了方向，来自一支被称为"格拉尼特山高手队"的精英团队的19名消防员不幸丧生。这个20人团队中只有一人幸存下来，因为他当时正在更远的地方驾驶队伍卡车。虽然他们提前部署了单独的防火罩用于避险，但之后并不是所有遗体都在里面被发现。防火罩是一种由铝箔、编织二氧化硅和玻璃纤维构成的丘形安全装置，是消防员被野火困住时万不得已的选择。它的设计目的在于反射辐射热、防止对流热并捕获可呼吸空气（大多数消防员死于吸入炙热气体）。就生命损失而言，亚内尔山大火是1991年以来美国最致命的野火，也是2001年9月11日纽约市恐怖袭击以来美国消防员损失最惨重的一次。野火最终在2013年7月10日得到控制。3 000多人参加了牺牲消防员的追悼会。虽然此次火灾生命损失惨重，但燃烧面积比许多火灾小。例如，2012年5月9日至7月23日，闪电分别点燃了两处大火，两处火势不断扩散，随后并成了一场大火，烧毁了新墨西哥州吉拉国

2012 年 7 月 2 日，亚利桑那州的科科尼诺国家森林野火（峡谷火灾）在 4 天后已经燃烧了 26 平方千米的土地

闪电可能在难以接近的地区引发野火，人们难以快速有效地应对家森林近 1 214 平方千米，经过 1 200 多名消防员的努力才控制住火势。

美国每年通常发生 10 万场野火，烧毁 16 000 平方千米到 36 000 平方千米的土地。其中，约 15% 的野火是由闪电引起的，85% 是由人为因素（有意或无意）和其他自然因素引起的。然而，由于闪电会在不易接近的地区引发火灾，因此造成的野火燃烧面积约占所有火灾总燃烧面积的 60%。如果由于气候变化，云对地闪电频率增加，情况可能会严重恶化。

在加拿大，不列颠哥伦比亚、育空和西北地区是野火最严重的地区，每年约有 9 000 起野火。目前，大约 35% 的火灾是由闪电引起的，其余的大多由人为意外引起。闪电引发的火灾通常发生在偏远地区，并且有多簇火焰，其范围通常是人为火灾的 10 倍。加拿大野火造成的年平均燃烧面积为 25 000 平方千米，其中 85% 是由闪电造成的。

2009 年 2 月 7 日，澳大利亚维多利亚州爆发了破坏性最大的森林大火，被称为"黑色星期六"大火。大火发生在极端气象条件下，持续高温（温度达到 46 摄氏度）、前两个月几乎没有降雨、风速超过 100 千米每小时，这些条件很容易引发森林火灾。大火期间，一共发生了 400 多起火灾，有些是闪电引起的，但大多数是电线倒塌或碰撞引起的，还有人为纵火事件。火灾造成 173 人死亡，另有 400 多人受伤。燃烧面积达 4 500 平方千米，波及墨尔本东北部的 78 个乡镇。7 500 多人流离失所，大火摧毁了 2 000 所房屋和 3 500 座建筑物，另有数千座建筑物受损，近 12 000 头牛羊死亡。据估计，"黑色星期六"大火造成的损失高达 10 亿澳元。澳大利亚每年遭受大约 5 万次森林火灾，但大多数相对较小。

家禽家畜

对于农场来说，除了引发野火造成威胁外，闪电还可能击中、损坏和点燃农场建筑物和设备，杀死大量农场动物。不仅仅是家禽家畜有遭受雷击的危险，珍贵的纯种动物、赛马、猎鸟、动物园和野生动物园濒危物种以及深受喜爱的宠物都可能被闪电杀死。

虽然一次雷击可以造成一大群人受伤或死亡，但相比之下，被杀死的动物数量可能要大得多。这是因为家禽家畜往往会扎堆，并且在雷暴期间，它们可能躲在树下或挤在金属栅栏旁。最开始，一只或多只动物可能会被直接雷击的电流或被附近树木或栅栏的旁侧闪击（电流飞溅）电流杀死。其他动物则因为相互接触，使得致命电流不断传导而死亡。接地电流或跨步电压效应可能会杀死更多的动物，后者对四足动物尤其危险，因为它们的腿间距比人类更大，这就会使不同腿之间的电压差更大，导致更大的电流流经腿部和身体。与人类不同的是，这种电流的流动路径更可能经过或邻近维持生命的

农场区域的一次雷击可能造
成很大数量的动物伤亡

重要器官。对一些农民来说，家禽家畜大量死亡会造成巨大的经济损失。

房屋及建筑

在雷暴多发地区，雷击造成建筑物破坏事件经常发生。比起单层和双层楼房，公共建筑以及高层办公楼和公寓等高层建筑会更容易受到雷击，但通常破坏较小。这是因为这些更高、通常造价更昂贵的建筑会安装防雷系统。安装了防雷系统的建筑物，只要维护得当，一年中可能遭到几次甚至更多次雷击，但不会对建筑物造成损坏。

在一些国家，尽管公共和商业建筑预计将执行国家防雷标准，各地标准会与当地的地面落雷密度有关，但是否在一层和两层住宅中安装防雷系统，通常由房主自行决定。不过几乎没人会在这种住宅中安装防雷系统，因为雷击属于低风险事件，需要与安装系统的成本进行权衡。因此，当闪电击中这些未安装防雷系统的建筑物时，可能对其结构和屋内物品造成严重破坏。

在避雷针发明之前，发生了一些令人难以置信的雷击破坏建筑物的事件。1697 年 10 月 27 日凌晨，闪电击中了爱尔兰的阿斯隆城堡，点燃了弹药库里的物品，弹药库随即发生爆炸：

　　"爆炸炸毁了 260 桶火药、1 000 枚手榴弹，上面堆着 810 根火柴、220 桶火枪子弹和手枪子弹，大量的镐、铁锹、铲子、马蹄铁和钉子，全都炸飞了。同时，爆炸还波及了整个城镇、周边地区和田地，城镇的大门都被炸开了。悲剧发生时，可怜的居民们大部分在睡觉，惊醒后眼前却是各种不幸。有些人发现自己被埋在自家房屋倒塌后的废墟中；有些人发现自己的房屋被火焰包围；有些人从床上被炸到街上；还有些人的脑袋被从天而降的巨石砸伤，被屋里爆炸的手榴弹炸伤。"

阿斯隆城堡和城镇被炸毁约 100 户房屋，但令人惊讶的是，只有 7 人死亡，36 人受伤。

　　建筑物的现代防雷系统包括两个部分。第一部分是通过拦截闪电并将电流安全地转移到地面来保护建筑物的结构。这可以通过在屋顶或建筑物最高点安装一个或多个接闪器（即避雷针）来实现。接闪器应在建筑上方延伸至少 25 厘米，并与一条或多条引下线相连，引下线则向下延伸至地面的接地端子。第二部分是电涌保护装置，有时称为避雷器或电涌放电器。这些装置用于保护建筑物内的电气和电子设备免受沿电线、电话线、电视天线和接地电缆产生的电涌影响。它们可以限制雷电引起的瞬态过电压，并将产生的过大电流从设备中转移出去。

大型高层建筑倾向于安装防雷系统，以将电流安全地传导至地面。图为闪电击中了科罗拉多州丹佛市的一栋建筑

　　无论建筑物是否安装了防雷系统，只要购买了保险，雷击造成的房屋及内部物品的损坏通常由保险公司承担。仅在美国，2011 年就有 18.6 万起关于闪电造成的房屋损坏的索赔，包括闪电引发的火灾对房屋的损坏，总金额达 9.53 亿美元。自 2004 年以来，虽然实际支付了赔偿金的索赔数量下降了三分之一，但是每起索赔的平均赔偿金几乎翻了一番。索赔数量减少的原因可能是防雷系统的应用更加广泛了。另一个原因可能是保险公司通过更规范地核实闪电造成的损坏，从而减少了虚假索赔的数量。单次索赔的平均赔偿仍然在上升，部分原因是消费者家中可能遭到电涌破坏的电器数量大幅增加，价格也更加昂贵。在美国，每年大约有 2 000 万到 2 500 万次云

由于消费者家中的电器数量增加，价格也更加昂贵，单次保险索赔的平均赔偿仍在上升。图为英国布莱顿的闪电

对地闪电，这使得平均每 108 到 134 次雷击就有一次家庭保险索赔。

电力和通信系统

　　闪电对电力线路和通信系统造成了代价高昂的破坏和中断，而且随着各国和国际商业越来越依赖大量电力和快速通信，这种情况正在恶化。一次雷击就可能引起连锁反应，导致数百万人、企业和家庭失去电力供应。

　　1999 年 3 月 11 日，巴西圣保罗州包鲁一座变电站遭到雷击，引发连锁反应，巴西南部电网瘫痪 5 个小时。停电导致圣保罗和里约热内卢这两大城市瘫痪，9 700 万人受到影响。数以万计的人被困在地铁和市郊列车里。由于红绿灯无法正常亮起，混乱的交通堵塞接踵而至。之后，巴西也发生了因其他原因造成的停电事故，例如2009年11月10日，一场猛烈的风暴摧毁了线路，使18个州的6 000多万人在黑暗中度过了几个小时。此类大停电事件促使巴西政府投入巨资改善电网基础设施，不仅是为了满足其不断增长的经济需要，而且是为了保证良好的国家形象，因为当时的巴西将于2016年主办奥运会，如果在奥运会期间发生停电事故，将导致负面的全球宣传。

美国也遭受过闪电引发的大停电。在1977年7月13日的一个炎热夜晚，纽约市发电、输电和配电系统的多个部分遭到一系列雷击，致使大面积停电24小时，900万人受到影响。电力供应恢复缓慢的原因之一，是需要手动重置在系统崩溃期间跳闸的断路器。据估计，此次停电造成的损失约为3.5亿美元，其中至少一半是抢劫和纵火造成的。因为此次停电，纽约市爆发了暴力和抢劫事件，警方逮捕了3 776人，消防局报告了1 037起纵火事件。

高压电力或输电线路的某些保护措施，是通过外部屏蔽实现的。在传输电线上方安装一根保护线，以拦截附近的任何雷击。保护线与金属支架相连，其上的导线使雷击电流能够安全地从支架向下流入地面，到达地面接地电极，达到屏蔽电流的效果。

雷击引起的过电压也需要防护。电压激增虽然很短暂，但可能沿着输电线路传播，因此必须安装保护设施，将电涌安全地转移到地面，以防止其到达变压器和其他设备造成破坏（变压器可将高压电转换为供家庭和办公室使用的低压电）。虽然相较于高压输电系统，目前对低压供配电线路的保护没有那么完善，但它们的高度相对要低得多，因此被雷击的可能性更小。虽然美国在防雷系统上进行了大量投资，但仍有大约 30% 的停电（电源中断或故障）事件是由闪电造成的，每年造成的总损失接近 10 亿美元。

船舶遇到闪电

在 1752 年本杰明·富兰克林发明避雷针之前，木船的桅杆、帆和索具经常遭到闪电破坏，并因雷击起火，船员和乘客重伤或死亡。例如，1796 年 3 月 8 日，一艘未安装任何防雷设施的英国风帆护卫舰，在米诺卡岛接连遭到 3 次雷击，船上出现裂痕并起火，船员们重伤或死亡，其中许多人身上留下了烧痕，肢体残疾。从 1793 年到 1832 年的 40 年间，英国海军有 250 多艘木船被雷击损坏，200 多名船员严重伤残或丧生。在最严重的雷击事件中，船只直接被击沉，船上人员全部遇难。如果闪电击中一艘军舰，导致火药库爆炸，很可能会造成船只炸毁、全员遇难。

　　船舶之所以特别容易受到雷击，是因为它们可能是一大片海域中唯一在海平面上方突起的物体。木船的早期防雷方式采用了富兰克林的想法，将细金属链或钢丝绳穿过船舷悬挂在水中，桅顶与细金属链或钢丝绳的长链节相连，并在桅顶上放置一根短金属杆。但是，由于链条或钢丝绳是从桅杆的高处悬挂下来，然后垂下伸进海里，因此会阻碍换帆或戗风航行，影响了船舶的性能。

高于海平面的船舶经常遭到雷击。图为从海灵岛上看到的闪电

因此，只有当雷暴来袭时，它们才会被安置到位。不过由于它们很难迅速安装，许多船只常常未能及时安装好铁链或足够长的钢丝绳。即使已经安装完成，钢丝绳或链条也只能承载雷击产生电流的一小部分，因此，船舶还是经常受损。虽然如此，到18世纪末，美国、英国和法国海军中还是有越来越多的船舶采用了这种简陋的防雷系统，尽管许多人仍然对其有效性持怀疑态度。一些人坚持认为，在桅杆上安装避雷针的行为，类似于在桅杆上安装铁制风向标，这会引来雷击。

几十年后，人们采用了一种永久固定和广泛认同的木船防雷系统。1820年，英国发明家威廉·斯诺·哈里斯发明了一种永久性的、更方便的避雷针和导体系统，由安装在桅杆上的一定长度的铜板组成，铜板在某些部位重叠，以承受船舶运动的压力，并与龙骨相连。该系统要求用于固定的铜螺栓直接穿过内龙骨（一根在船的龙骨上方延伸并固定的纵梁，以加固骨架），到达船底的铜套上，从而与地面（或海面）接触。铜套此前已经运用于船舶，保护水下船体免受海洋蛀虫（即船蛆）的破坏，并阻止杂草生长，杂草会减缓船舶的速度并影响其操控性能。

查尔斯·达尔文在19世纪30年代进行了著名的环球航行。他乘坐的"小猎犬号"是第一批安装哈里斯防雷系统的船只之一。在遭受两次雷击之后，"小猎犬号"仍然完好无损，这为此种新防雷系统赢得了支持。尽管

还有其他案例证明这种防雷系统的有效性，但直到 1842 年，英国海军部才同意在其军舰上采用这一系统。哈里斯指出，由于多年延误安装他的防雷系统，52 艘军舰及其船员遭受了雷击造成的不必要损失和牺牲。此外，这种延误还使损坏的船只处于"丧失战斗力的"状态（即无法投入战斗使用，无法履行其海军职责）。

在哈里斯的木船永久防雷系统成为公认的标准后不久，全铁或全钢船体船舶开始推行，这意味着，由于金属船体充当接地端子，雷电问题变得不需要那么重视了。然而，现代游艇、摩托艇和巡洋舰都是由木材、玻璃纤维和复合材料制成的，因此仍然需要保护。它们通常装有避雷针（即接闪器），与船体上的铜套相连，或与船体

1830 年左右，在威廉·斯诺·哈里斯发明的永久保护系统普及的十年之前，闪电击中了一艘正在航行的军舰

下侧与海水接触的镀锌铁板相连。然而，一些在小船上享受钓鱼之旅的人有时可能会忘记，如果鱼竿超过了避雷针的高度，他们仍然容易受到雷击。

飞机遇到闪电

在一些国家闪电每年给航空公司造成了巨大的损失，主要不是因为它对飞机和设备造成的损害，也不是因为对乘客造成的伤亡，而是因为航空公司为确保飞机及乘客和机组人员的安全，投入了巨额研究和测试费用。如原定飞行路线可能遭遇雷暴，航空公司则为避开雷暴而安排新的路线（避免潜在的雷击以及对乘客造成不适的气流），这会造成延误并导致额外的燃油成本。在雷暴天气，由于火灾和爆炸的高风险，地面上的飞机必须暂停加油，也会造成航班延误和中断。

大多数时间里，商用飞机都在投入飞行，除非是在维修期间，或在平均每年只有一到两次的在飞行中遭到雷击后。这种飞行频率与F-106战斗机的飞行频率形成鲜明对比。20世纪80年代，美国国家航空航天局在弗吉尼亚州汉普顿兰利研究中心，用F-106战斗机进行了一项为期8年的闪电研究项目。装有仪表的F-106战斗机拥有全金属外壳，依靠液压而非电子控制。为引发闪电，它在雷暴中飞行了1 496次，其中成功了714次。这项研究有助于提高商用和军用飞机的防雷标准，并发现了当飞机在雷暴云顶部时，特别是在砧状云里时，更容易引发雷击。F-106 战斗机飞行员回忆道："我们的老规矩就是直冲云霄，迎接闪电。"

　　飞机可能会在雷暴内部或附近，拦截住正在自然发生的雷击，但更多情况下，雷击是由飞机本身在高电荷区域（通常在云层内）飞行时引发的。在这种情况下，如果没有飞机的出现，闪电就不会发生。通常情况下，闪电会连接到机头或翼尖上，穿过机身外壳，并安全地离开其他末端，如机尾。这会将飞机包裹在一个巨大且不断变化的磁场中，如果没有足够的保护，这会在贯穿飞机的长导线中产生电压，对电子系统和计算机造成损坏。相关认证要求，所有飞机必须经过严格测试，机身必须经证明能够承受雷击，并且包括油箱在内的任何机载技术设备都不存在任何损坏的风险。飞机在设计时，包括要能将闪电保持在机身外部。若遭到雷击，唯一肉眼可见的证据可能是机身末端的小烧痕。随着飞机变得越来越精密，各国政府提高了认证要求，要求改进外部屏蔽和其他保护措施，以确保电子系统不受影响。

　　计算机化飞行控制系统能以最安全和最有效的方式控制飞机。随着对此类系统的依赖日益增加，保证这种电传系统中的计算机不受雷击的影响，则变得至关重要。如今，飞机制造会越来越多地使用复合材料（通常是由环氧树脂将碳和玻璃连接在一起制成的多层细纤维）代

飞机天线罩的实验室测试，以确保它不会被雷电损坏

替金属（如铝），这对确保防雷系统的有效性提出了新的挑战，因为这种材料的导电性不如金属，所以不利于防雷击。多年来，为了避免干扰位于其内部的雷达，飞机鼻锥（即雷达天线罩）一直由复合材料制成。为了将闪电从天线罩转移并安全地传导出去，天线罩表面加上了薄金属条，以防止闪电穿过天线罩，对其电子设备造成损坏。关于飞机复合材料外壳，有一种解决方案：在碳纤维中编织一层薄薄的导电纤维，或者添加一层薄薄的铝网或铜网。这样做虽然会增加重量，但分散了闪电的电流，以尽量减少闪电附着在外壳时造成的损坏，并将电流保持在飞机外部。这有助于降低飞机内部可能产生的电压，从而避免损坏电气和电子系统。

商用飞机受到的大多数雷击，只会导致机组人员和乘客看到一道亮光，仪器和内部灯光暂时闪烁，以及听到一声巨响，其他什么现象都没有。尽管有时飞机的电子系统会遭受暂时性损坏，例如飞行空速和高度信息丢失，但这并不常见。更为严重的损坏则更加不常见，而造成生命损失是极为罕见的。

过去发生的空难促使国际社会努力提高飞机安全性。例如 1963 年 12 月 8 日，一架波音 707 飞机在马里兰州埃尔克顿上空的等待航线飞行时遭到了雷击。雷击引起的火花点燃了油箱中的燃料蒸汽，随后发生了爆炸，导致飞机坠毁，81 名乘客全部遇难。1971 年 12 月 24 日，一架洛克希德 L-188 伊莱克特拉飞机从秘鲁利马机场起飞半小时后，右翼因雷击起火，机翼解体，导致飞机坠入亚马逊雨林，91 名乘客和机组人员丧生。值得注意的是，一名 17 岁女性在坠机事故中幸存下来。在获救之前，她在偏远、荒凉的雨林中生存了 10 天。1988 年 2 月 8 日，一架费尔柴德美多 III 型通勤客机在接近杜塞尔多夫机场时，在 900 米高度的云层中遭到雷击。这架客机由两台涡轮螺旋桨发动机提供动力，搭载 19 名乘客和 2 名机组人员。雷击导致客机失去所有电力，而飞行员则奋力试图稳住客机。多名目击者称，当时飞机从云里向下俯冲，然后又爬升了好几次。不久，在雷击之前已经放下的起落架和一个机翼从机身断裂，飞机开始螺旋式俯冲，最终坠毁，机上人员全部遇难。

飞行员有时可能会因闪电而短暂失明，尤其是在夜间（如果驾驶舱灯没有完全亮起），但飞行员遭受雷击的事件是很罕见的。2000 年 10 月，当一架波音 757 飞机在 1 500 米高度接近阿姆斯特丹史基浦机场时，闪电击中了挡风玻璃。当时正在控制飞机的副驾驶听到一声巨响，看到一道明亮的蓝色闪光，并有一种胸口被踢的感觉。他记得，就在雷击发生前不久，他擦过挡风玻璃。当他从雷击中恢复过来后，发现右臂无法正常使用，于是把飞机的控制权交给了机长。后来，医学检查发现他的胸部有一处电伤伤口。而飞机在之后的检查，没有发现任何受损，但是两周后返回工作岗位的副驾驶开始出现不规则心跳，这可能是雷击造成的后果。

航天器遇到闪电

1983 年 8 月 30 日，在"挑战者"号发射升空前的几个小时，闪电击中了 39A 号航天飞机发射场

在航天器发射的准备期间和正式发射期间，闪电的潜在危害引起了人们的特别关注。1969 年 11 月 14 日，搭载阿波罗 12 号指挥舱的土星号运载火箭在发射期间穿过云层时引发闪电，差点使美国第二次登月之旅中止，这一事件凸显了雷电的潜在灾难性。当时即使没有"自然"闪电发生，航天器发射也会引发闪电。1987 年 3 月，一枚阿特拉斯半人马无人驾驶火箭在发射期间引发了闪电。闪电穿透了火箭的玻璃纤维鼻锥，造成计算机程序指令破坏，导致火箭在升空 51 秒后偏离轨道。美国国家航空航天局别无选择，只能按下自爆按钮，在空中摧毁了这枚价值 1.6 亿美元（按 1987 年价格计算）的火箭及其运载的海军通信卫星。

似乎火箭及其伴随的排气羽流（飞机不会产生这么长的排气羽流），创造了一条通向地面的良好导电路径，从而降低了引发闪电所需的阈值电场强度。由于这一威胁日益严重，美国国家航空航天局和其他国家航天局实施了严格规定，以防止航天器在任何可能引发闪电的情况下发射。1981 年至 2011 年间，在美国航天飞机发射计划因天气原因延误的事件中，有三分之一是由于运载火箭和排气羽流可能引发闪电而延误的。

肯尼迪航天中心位于雷暴和雷击频发的佛罗里达州。在美国每年 2 500 万次的云对地闪电中，5% 到 10% 发生

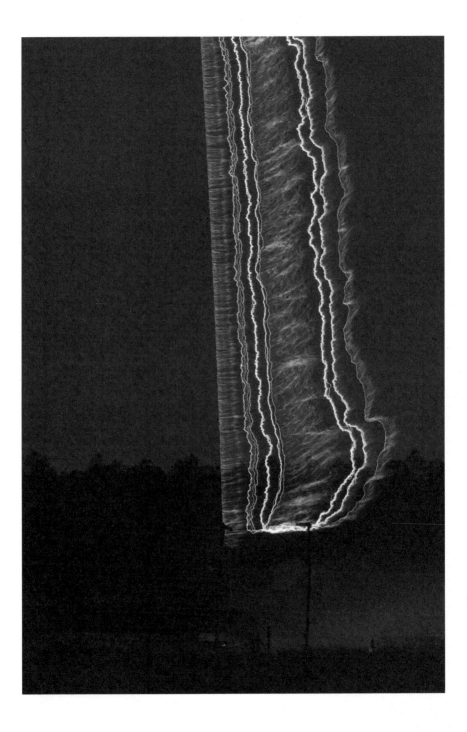

国际闪电研究与测试中心一枚尾部拖有铜线的小型火箭引发的闪电。这次闪电是在 2012 年热带风暴黛比期间，没有自然闪电的情况下触发的

肯尼迪航天中心 39B 号发射台的防雷系统（三座带有电线网的高塔）。如图所示，发射台正在被改装，以用于新一代运载火箭发射

在佛罗里达州。因此，大量闪电研究都在该州进行，包括利用小型火箭故意引发云对地闪电的实验。这一实验由佛罗里达大学在国际闪电研究与测试中心进行。该中心成立于 1993 年，位于盖恩斯维尔布兰丁营。小型火箭只有 1 米高，尾部拖有一根 700 米长的凯夫拉纤维增强铜线。当火箭上升到雷暴中时，铜线就从火箭底部的线轴上解开，与地面上的指定雷击点连接。在所有发射的火箭中，大约有一半会引发闪电。闪电击中火箭尖端后，会立即蒸发掉尾部的铜线，在空气中留下一个电离等离子体通道，将电流带到指定雷击点。与自然雷击相比，这种雷击的通道异常笔直，不过由于路径仅由铜线界定，所以有时闪电会偏离路径，击中其他地方。雷击点周围会放置一系列仪器和

探测器，用来测量电流大小、声波功率、闪光亮度和 X 射线辐射。近年来，火箭实验在每个夏季都会引发 10 到 30 次闪电放电。同时，实验设备所在场地的 0.4 平方千米范围内发生的自然闪电也会被研究。研究人员测试了各种材料和装置，以确定它们抵御雷击的能力，包括飞机上的绝缘层、架空配电线路、电涌保护器、地下电缆、天然气管道、机场跑道灯（这种灯在小型、无人值守的机场使用）、检验站和高尔夫球场避难处。目前，美国的亚拉巴马州和新墨西哥州，以及包括巴西、法国和日本在内的其他国家，已经进行过或正在进行利用火箭引发闪电的研究。

随着航天计划的进展，肯尼迪航天中心的防雷技术也在稳步发展。改良后的避雷柱与架空电线的结合增强了对航天器的保护效果。防雷系统会将电流转移到地面，否则电流可能会使包括制导和导航系统在内的电子设备短路，并损坏其他设备和实验装备。2009 年，肯尼迪航天中心 39B 号发射台安装了避雷塔，为下一代航天器发射提供保护。位于发射台周围的三座 150 米高的钢塔，支撑着 30 米高的玻璃纤维避雷柱和一个在三座塔之间延伸的电线网。闪电击中电线或塔后，激增的电流会被安全地转移到地面，而不会流经待发射的航天器。

抑制闪电仅仅是梦吗

闪电在世界范围内造成的破坏、扰乱和生命损失是巨大的。同时，研究如何最小化这些不利影响所付出的代价也是巨大的。曾经有人试图将闪电抑制在某处，或消除闪电，但尚未证明有效。避雷针（即接闪器）仅为闪电到达地面提供了一个安全通道，但当避雷针顶端装有多组金属尖端阵列时（这些尖端看起来像刷子），就会被称为静电耗散阵列。这种阵列的目的是降低避雷针顶端周围的电场。可以说，它们可以阻止高强度上行电荷流的形成，否则电荷流可能会与下行阶梯先导连接并引发闪电。此类系统的有效性仍然处于验证之中。

在尝试消除或抑制闪电时，应考虑到雷暴的巨大威力，它会产生数千甚至数万次闪电的连续轰击。目前，有许多方法可以引发闪电，其中已被证实有效的一种是，将尾部拖有导线的小火箭发射到雷暴中。使用激光束引发闪电的技术还处于早期研究阶段，不过未来也可能成为另一种引发闪电的可行方法。无论采用何种方法引发闪电，都不太可能对产生闪电所需的局部电气化过程造成任何重大或持久的影响。在国际闪电研究与测试中心进行的研究得出，使用小型火箭引发单次闪电时，并没有显著抑制持续进行的云层电气化过程。据估计，在自然发生闪电和人为引发闪电中失去的电荷，一场雷暴在10至20秒内就可补充完成。换句话说，在可预见的未来，我们需要学会与闪电共处。

雷暴会产生闪电、冰雹、具有破坏性的大风甚至龙卷风。目前，抑制这些强大天气的尝试无一成功

第5章 文学、艺术等大众文化中的闪电

本章讲述的是日常用语、文学、戏剧和电影中的闪电元素。在管弦乐中，演奏者会为了营造戏剧性效果而模仿雷声。在图像学中，我们经常会看到独特的"之"字形闪电图案。

常用表达中的闪电元素

闪电会出现在各种常用表达中。例如，在表达某事发生得很突然，或某人速度非常快时，会将他们形容为"快如闪电""风驰电掣""有闪电般的反应速度"或以"闪电般的速度推进"。一个短暂的瞬间，则可以被称为"电光火石"。有时，闪电也可被用来表示灵感乍现，或突然明白了某个令人烦恼的问题。美国诗人和文学评论家兰德尔·贾雷尔在反思了成功的诗人如何获得灵感之后，得出结论说，"优秀的诗人会在一生中的思维雷暴里，设法经历几次被灵感闪电击中的时刻；甚至是十几次，二十几次，那么他就会是伟大的诗人"。

顶部有刷状金属接闪器（即静电耗散装置）的避雷针，为保护放置有无线电发射器的远程研究设备间而安装。它的目的是减弱地面上行电荷流的强度，否则下行阶梯先导可能会与上行电荷流连接并引发闪电

法语中的"le coup de foudre"和意大利语中的"colpo di fulmine",都可以指"一道闪电",但比喻义则表示突然发生的、意料之外的行为或事件,尤其是经历一种突如其来的强烈感觉,比如"一见钟情"。在英语里,"lightning rod(避雷针)"一词可以用来比喻引来了强烈情感和意见的人,从而使这些情感和意见不会落到别人身上。通常它专门指那些经常受到负面回应、批评和指责的人。

闪电在击中地面之前可以传播很远的距离,这可能会让附近那些认为雷暴已经远离的人大吃一惊。他们把这种闪电称为"晴天霹雳",这个词在日常交谈中常用来表示完全出乎意料的事情。当人们想表达同一件事件不太可能再次上演时,就会说出一句警句来使人安心:"闪电永远不会两次击中同一个地方"。尽管事实并非如此!通常,一个人被闪电击中的概率大约是百万分之一,因此许多人在表示一些极不可能发生的事情时,会将它们与被雷击的概率比较。事实上,被闪电击中的概率取决于许多因素,包括该地区的闪电频率、被击者从事的职业或进行的休闲活动时面临的雷电威胁的大小,以及雷暴发生时采取的预防措施如何。计算被雷击概率的方法之一,是使用全国总人口和雷击造成的伤亡人数等数据。在 2003 年到 2012 年的 10 年间,美国每年平均有 35 人因雷电丧生,受伤人数则可能是 15 倍左右。那么,对于拥有 3.1 亿人口的美国来说,任何一年被雷击的概率大约是 5.5 万分之一，即 3.1 亿人中有 560 人遭到雷击。

记者兼评论家威廉·霍丁·卡特二世（1907—1972年）用闪电作比喻，以表对电视新闻的猛烈抨击："电视新闻就像一道闪电。它发出一声巨响，照亮周围的一切，却把其他一切都留在黑暗之中，然后它就突然消失了。"

尽管人们普遍认为闪电不可能击中同一个地方两次，但事实并非如此。图为俄克拉荷马州阿德莫尔的闪电

一些日常表达中也会有闪电元素。比如当一个人看起来很生气的时候，我们会说他"暴跳如雷"。或者当有人大声说话或怒吼时，我们会说他"大发雷霆"。而"像被雷劈了一下"则传达了一种突然的惊奇、惊讶、惊叹和惊喜之感。

故事情节中的闪电和戏剧效果

在一些书籍、戏剧和电影中，雷电被用来传达恐惧和不祥，或作为审判标志、力量之源，抑或武器。18 世纪作家玛丽·雪莱（1797—1851 年）便受到了早期电学实验的影响，在她于 1818 年创作的小说《弗兰肯斯坦》及后续相关改编电影中，雷电常常在关键情节出现。其最重要的作用就是使无生命的弗兰肯斯坦的怪物苏醒。1786 年，一位名叫路易吉·伽尔瓦尼的意大利医生发现，当他给一只死青蛙的腿通上电流时，会产生生理效应，腿部会开始抽搐，仿佛它们又活过来了。1803 年，伽尔瓦尼的侄子乔瓦尼·阿尔迪尼，在伦敦皇家医学院对一名已被处决的罪犯施加了此种电刺激，其四肢的反应和青蛙实验一样。于是阿尔迪尼关于人类复活的论证被广泛宣传，再加上本杰明·富兰克林的闪电实验，这两者可能对雪莱创作《弗兰肯斯坦》产生了重大影响。这部小说虽然没有直接提到"电复活"，但是有相关暗示：弗兰肯斯坦的怪物的苏醒是发生在一场雷暴期间。

从那以后，玛丽·雪莱的小说，尤其是弗兰肯斯坦的怪物这一角色，就深深影响了当时的大众文化。最著名的改编电影也许是《科学怪人》（1931年上映），由环球影城制作，波利斯·卡洛夫主演。在影片中，年轻的科学家亨利·弗兰肯斯坦为了通过各种雷电装置创造人类生命，拼凑出了一个人体。人体被放置在手术台上，而手术台朝着实验室顶部的开口向空中升起。随之而来的是可怕的闪电和雷鸣。突然，弗兰肯斯坦的电机开始噼啪作响，人体的手部开始移动。弗兰肯斯坦的怪物苏醒了。

电影中闪电有许多不同的出现方式。在第一部长篇动画电影《白雪公主和七个小矮人》（1937年上映）中，闪电将小矮人从绝望的处境中拯救出来。影片中，邪恶的王后毒死了白雪公主，矮人们为了抓住王后，一直追至深山。在那里，王后试图推动一块巨石来压碎矮人们，但是这时闪电击中了她正站着的岩架，导致她摔了下去，被巨石掩埋。有些电影则采用了古希腊和古罗马的风暴神神话，比如《波西·杰克逊与神火之盗》（2010年上映）以及《诸神之战》（1981年上映，2010年翻拍）。而喜剧片《命中雷霆》（2012年上映）讲述了一名高中生在停车场突然被闪电击中身亡的故事。《回到未来》（1985年上映）是一部极为成功的科幻电影。影片中，科学家布朗博士意识到，为了让主人公马蒂·麦克弗莱成功返回未来，他的时间机器德罗宁必须利用闪电的力量，而闪电将在下周六晚 10 点 04 分击中钟楼。新奇的是，在灾难电影《世界大战》（2005 年上映）中，入侵的外星人通过闪电从太空船上传送到预先埋在地下的三腿机器里，然后机器们集体破土而出。

通常来说，在自然灾害电影中，闪电往往扮演配角，因为一次雷击就造成多人死亡或大规模破坏的情况是很罕见的。在 130 多部灾难电影中，只有两部是由闪电造成主要破坏，分别是《闪电风暴》（2001 年上映）和《末日天火》（2003 年上映）。相比之下，飓风、龙卷风、火山、地震、海啸和流星不仅会构成巨大的威胁，也更吸引电影制作人和观众。

在一些连环漫画和随后的改编电影中，好几个角色的名字中都包含了闪电元素，以彰显其超自然力量、速度、无敌以及使用强大的闪电武器的能力。黑闪电是最早出现在 DC 漫画中的非洲裔美国超级英雄之一（1977 年首次出现），是大都会奥林匹克运动会十项全能运动员杰弗森·皮尔斯的第二自我。他能以闪电形式产生电能，并可以以光速移动。他认为，"无论何时，正义就像闪电一样，对一些人来说应是希望，而对另一些人来说应是恐惧。"在漫画里黑闪电有两个女儿，也是身穿特殊服装的超级英雄。其中一位叫作雷电（2003 年首次出现），她的超能力是通过踩踏地面而产生巨大的冲击波；另一位女儿叫作闪电（2008 年首次出现），超能力是创造一个电场，可以从她接触的任何电气系统里吸收电能，从而释放强大的闪电。

在漫画里，一些人物可以利用闪电进行变身，使他们获得超自然力量。神奇队长首次出现于1940年。他的第二自我，年轻的比利·巴特森。每当比利喊出"沙赞！"之名，就会被一道魔法闪电劈中，变身成一个拥有超强力量、速度和发射闪电能力的超级英雄。"Shazam!"（即"沙赞！"）是六位神话人物名字的首字母缩略词，他们分别赋予了神奇队长不同的超人属性：所罗门的智慧，赫拉克勒斯的力量，阿特拉斯的耐力，宙斯的神力，阿喀琉斯的勇气和墨丘利的速度。随着时间的推移，人们就直接把神奇队长记成"沙赞！"。

许多其他与闪电有关的漫画和动画里的超级英雄或反派的名字中，通常会包括闪电元素。在某些情况下，他们的属性、描述，甚至第二自我会随着时间的推移而改变。闪电侠是一个有多位超级英雄使用过的称号。其中最著名的两位是巴里·艾伦和沃利·韦斯特。按时间顺序，他们被认为是二代闪电侠和三代闪电侠，两人都穿着带有独特"之"字形闪电符号的红色服装。一天晚上，巴里·艾伦（1956年首次出现）正在工作，一道闪电击碎了药品架上的一些容器，导致化学物质溢出到他身上，这让他获得了以极快速度移动的能力和超人的耐力。类似的事故也发生在他的侄子沃利·韦斯特身上，那次事故使其成了闪电小子（1959年首次出现）。在巴里·艾伦死后，韦斯特在1985年接管了他叔叔的角色，成为新一代闪电侠。霹雳少年于 1958 年首次出现在漫画中，他的第二自我是加斯·兰兹。霹雳少年拥有操控闪电的能力。在华纳兄弟动画公司 2006 年制作的电视连续剧《超级英雄军团》中，霹雳少年作为其中一分子重新推出，他的右眼上多了一道独特的闪电形疤痕。当他的超能力激活时，这道疤痕就会闪闪发光。

艺术品中的闪电元素

绘画、素描、版画和雕塑中的闪电通常被简单地表现为"之"字形。1795 年，在亨利·富塞利（1741—1825 年）完成绘画后，威廉·布莱克（1757—1827 年）以此为基础，创作了版画《龙卷风》，作品中的神话场景采用了"之"字形来表示强大的闪电。与 18 世纪以前艺术品中常见的"之"字形闪电图像形成对比的是，19 世纪的风景画家开始越来越多地以更逼真的形式描绘闪电。其中最早这样做的画家之一，是英国风景画家约瑟夫·马洛德·威廉·透纳（1775—1851 年）。透纳被令人惊叹的大自然所吸引。在 1828 年绘制的水彩画《巨石阵》中，他在这座古老的英国纪念碑周围描绘了乌黑的雷暴云和闪电。地上躺着已经被闪电击倒或杀死的牧羊人，以及许多羊被闪电杀死，而牧羊犬在一旁号叫。英国著名艺术评论家约翰·罗斯金（1819—1900 年）认为，动态的云彩和逼真的闪电表现形式是明亮的不规则白色

1795 年，威廉·布莱克以亨利·富塞利的画作为基础，创作了版画《龙卷风》。闪电在作品中被表现为"之"字形闪电束

通道，而不是通常由"观察力或绘画能力较弱画家"绘制的非写实的"之"字形，让透纳的这幅作品树立了风暴画的标准。

美国波普艺术家罗伊·利希滕斯坦（1923—1997 年）曾在一条羊毛毡横幅上画上了闪电图像，并命名《雷电》。利希滕斯坦于 1964 年设计了《雷电》，并申请将其挂在麦迪逊大道的一个画廊外。横幅长 2.5 米，宽 1.2 米，在深蓝色背景下，一个布满标志性红色"班戴点"

的手，握着一道与众不同的黑边黄色之字形"雷电"。从
1966年到1971年，利希滕斯坦在他的《现代》系列中创
作了许多绘画和雕塑作品，这些作品反映了20世纪20
年代和30年代装饰艺术建筑和设计风格。其中一幅绘制
于1967年的作品里叫作《雷电现代画》。画中，一道黄
色的"之"字形"雷电"从左上角贯穿至右下角。这幅
画成了"装饰艺术中的爆款，就像爆款连环画那样"。

　　在绘画中，闪电通常是明亮的白色。但在现实中，
因为波长较短的光（蓝色、靛蓝、紫色）相较于波长较
长的光，被空气分子散射得更强烈，所以闪电可能以许
多颜色的形象出现。如果闪电离观察者较近，那么全波
长的大部分光线会到达观察者眼睛，因此闪电会呈现出
明亮的白色。但如果闪电离观察者很远，传播途中的空
气往往会去除掉蓝色和绿色，使得红色、橙色和黄色更
加显眼。同样的现象也发生在太阳光上。当太阳高挂在
天空时，它会呈现出耀眼的白色，但当太阳落山时，它
往往会呈现出橙红色。自然尘埃、颗粒污染物和水滴也
能散射光波。例如，尘土飞扬的天空可能会使闪电呈现
出黄色。在一些国家，森林管理员认为白色闪电比红色
闪电更容易引发火灾，因为只有当闪电的高热量"刺激"
潮湿大气中的氢原子时，才会呈现出红光。相比之下，
白色闪电表明缺乏降雨，而降雨正是抑制火灾所需的。
冰蓝色闪电则与冰雹有关。而在雷暴期间，也有人看到
过粉红色和绿色闪电。

图为 18 世纪的版画。画中，一道"之"字形闪电在加拿大圣劳伦斯河击沉了一艘法国战舰，除两名女性外，船上的所有人都淹死了

艺术家艾伦·麦科勒姆以其丰富的概念艺术装饰而闻名。其作品中就出现了闪电熔岩，或叫作"石化闪电管"。1998 年，他与佛罗里达大学的国际闪电研究与测试中心合作，人工制造闪电熔岩。一枚连着细铜线的小火箭被射入雷暴之中，铜线可以快速解开。闪电便是通过这根铜线引发的，铜线会与地面上装满压实干沙的容器相连。麦科勒姆用了不同熔点和颗粒形状的沙子做实验，其中得到最好结果的，是一管纯锆石砂，会产生一条细长的浅灰色闪电熔岩。麦科勒姆以这条闪电熔岩为原型，制作了 10 000 个复制品，然后并排陈列在覆盖毛毡的桌子上，供参观者体会艺术与科学的融合。

用火箭和铜线引发闪电，并将闪电引入装满干沙的容器中，可以产生闪电熔岩，艾伦·麦科勒姆正在使其显露出来

　　麦科勒姆制造的闪电熔岩与自然产生的闪电熔岩极为相似，这与浪漫喜剧电影《情归阿拉巴马》(2003年上映)中海滩上的闪电熔岩形成了鲜明对比。影片中，男主角杰克在雷暴期间，通过在沙滩上放置一根金属杆，将闪电导入地面，从而制造闪电熔岩。闪电击中金属杆后，熔化底部沙子，从而制造出了闪电熔岩——一个漂亮的、晶莹剔透的光滑玻璃雕塑，并伴有鹿角状突出。不幸的是，这与真正的闪电熔岩没有任何相似之处。这个道具是由一家专门制作上等玻璃雕塑的公司制造的。

28 张桌子上展示着 10 000 个闪电熔岩，图为其中一部分

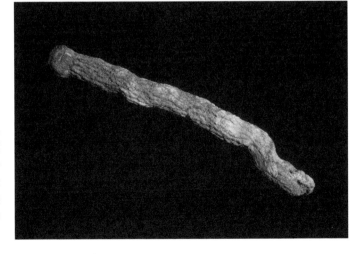

艾伦·麦科勒姆以这条闪电熔岩为原型，制作了 10 000 个复制品，在展览"大事件：来自佛罗里达中部的石化闪电"中展出

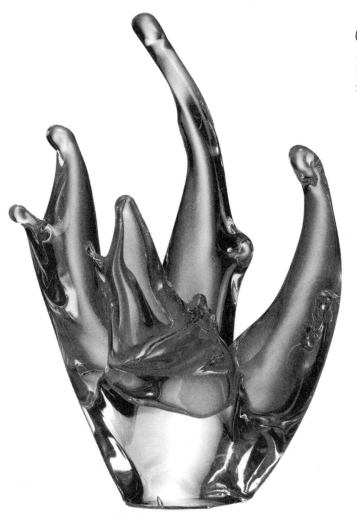

电影《情归阿拉巴马》（2003 年上映）中使用的漂亮、晶莹剔透的玻璃雕塑，被错误地称为"闪电熔岩"

与闪电有关的最大雕塑是雕塑家沃尔特·德·玛丽亚（1935—2013 年）于 1977 年创作的《闪电场》。这件巨大的艺术品位于新墨西哥州西部偏远高原沙漠地区。它由 400 根抛光不锈钢钢管（即避雷针）组成，钢管安装在一个网格阵列中，长约 1 600 米，宽约 1 000 米，每行 25 根，每列 16 根，每根直径 5 厘米；也就是说，每根钢管间隔略大于 60 米，围着这个雕塑走一圈大约需要 2 个小时。雕塑附近的地面是起伏的，但是每根钢管的高度也在 8 米左右浮动，所以钢管的实心尖端位于同一水平线上。每当日出或日落时，这些在红色、粉色或金色光线下熠熠生辉的钢管就会变得引人注目。而在每年约 60 次雷击中，它们看起来尤为壮观。

模拟雷声

19 世纪，打击乐器的问世使得西方古典管弦乐团开始模拟雷声。雷声效果板是一种悬挂的金属片，最长约 5 米，可以摇动或用鼓槌击打雷声效果板，产生隆隆的雷声。1969 年，德国作曲家汉斯·维尔纳·亨泽（1926—2012 年）在创作《第六交响曲》时，使用了一大一小的两块雷声效果板。一些管风琴拥有可以营造"风暴效果"的音管，一开始听起来是两个低音音管的声音，当和音时，就模拟出了风暴效果。还有一些其他模拟雷声的尝试：将鹅卵石倒入大金属容器、用袋子装石头扔向金属表面、把铅球丢到皮革上、将重铅石或铅球滚下板条做的坡道。1915 年，德国作曲家理查德·施特劳斯（1864—1949 年）在创作《阿尔卑斯交响曲》总谱时，使用了雷鸣器——一种由内有小球、不停旋转的鼓组成的乐器。其他的乐曲只是简单地用快速的鼓声和铙钹敲击声来模拟雷声，比如，奥地利作曲家约翰·施特劳斯（1825—1899 年）在 1868 年创作的《电闪雷鸣波尔卡》。爱尔兰硬摇滚乐队瘦李奇，在最后一张录音室专辑《雷电》的主打歌中，频繁使用铙钹敲击声来传达雷电感。在现场表演时，闪烁的灯光效果和背景屏幕里的闪电，使得这首歌更具冲击力。

早期，英国评论家和戏剧家约翰·丹尼斯（1657—1734 年）创造了一种在剧院里模拟雷声的新方法，后来由其而生的事情引起了人们对"偷窃他人雷声"行为的普遍指责。1709 年，丹尼斯在上演话剧《阿皮尤斯和弗吉尼亚》时，声称自己创造了一种模拟雷声的新方法。具体方法尚不清楚，但可能与在木碗里滚动的金属球有关。该剧在伦敦德鲁里巷皇家剧院上演后，未能吸引足够的观众，因此很快就停演了。后来有一次，当丹尼斯来到剧院观看莎士比亚的戏剧演出《麦克白》时，他意识到他们使用的模拟雷声的手法就是他之前发明的那种。于是他站起来大喊："天啊，这是我的雷声！这些恶棍不表演我的戏剧，却偷走了我的雷声。"

图　腾

美洲原住民部落的帐篷和衣服上，经常绘有"之"字形闪电符号，并且通常在战斗之前，会在战士的脸上画上"之"字形闪电符号，作为出征涂料的一部分。尽

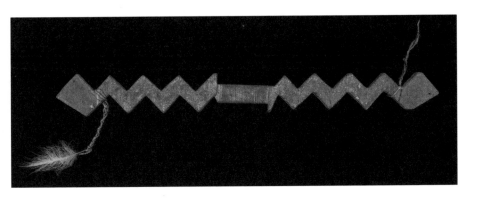

蛇形木制闪电权杖（1913 年制作），亚利桑那州普韦布洛印第安人中男性舞者手持的权杖。传说"之"字形蛇与闪电有神奇联系

管不同部落对"之"字形闪电符号含义的理解可能有所不同，但他们一致认为，这个与传说中雷鸟有关的符号，能够赋予战士们力量和速度。包括新墨西哥州在内的美国西南部地区十分干燥，因此定期降雨对于种植食物非常重要，这也解释了为什么在一些普韦布洛印第安部人的岩画中也出现了"之"字形闪电符号。

普韦布洛印第安人也会在蛇的图画中表现闪电。人们认为蛇这种生物不仅在形状上代表闪电，而且能够产生闪电。因此，求雨仪式会使用活蛇，这在 19 世纪 90 年代早期被外人首次记录下来。霍皮人是普韦布洛印第安人的亚族，居住在亚利桑那州北部。他们会举行为期 9 天的活蛇仪式，期间会在用于祈祷的地下室或地下礼堂的地板上创作一幅大型沙画。沙画描绘了一朵云，从云里射出四条蛇形彩色闪电（黄色、绿色、红色和白色），对应着东南西北四个方向，将世界分成四个部分。其中两条带有弯曲角的蛇为雄性，另外两条带有内部含对角线的正方形的为雌性。在以白沙为背景的画框外画有许多黑色短线条，代表雨水。在仪式上，人们会用魔力液体清洗多达 100 条活蛇，包括致命的响尾蛇。伴随着愈发响亮、狂野的歌声和鼓声，不时传来凶猛、恐怖的喊叫声或战争时的呐喊声，这些蛇被用力扔到沙画上，在那里蠕动，身体覆上不同颜色的沙子。这种仪式的目的是召唤闪电，更重要的是伴随着雷暴而来的雨水。仪式期间，祭司们会穿上织有"之"字形闪电衣带或"之"字形蛇衣带的衣服，手上拿着小泥球，球上有他们先前用拇指画出的"之"字形线条。舞者们会手持木制"之"字形"闪电权杖"，以此代表蛇。仪式结束后，祭司们

亚利桑那州普韦布洛印第安人制作的沙画。不同颜色的蛇，象征着风暴云中出现的不同闪电

"之"字形闪电符号是国际公认的电气符号，展示在有潜在电击危险的地方

会从沙画里每一朵不同颜色的云里和闪电符号中取出一小撮沙子，带去田野里。那些"受创伤"的蛇则会被放回当初被抓的地方——平原和小丘的四面八方。人们将它们当作信使，希望霍皮人神灵能回应他们热切的求雨祈祷。

今天，"之"字形闪电已成为一种广泛使用的国际电气符号。某些车辆仪表板和机械控制装置上会使用"之"字形闪电符号，以指示电气故障。某些指示牌上，会显示"之"字形闪电符号，以指明潜在的电气危害，如高压电力变压器、电气机械或设备、架空或埋地电缆和通电围栏。有时，为使这一符号的含义更加明确，一些指示牌上甚至画有闪电击中人体的图画。一些定制指示牌则会用于警告从事高危活动的人群（例如在有架空电缆的地方捕鱼的人），附近存在电气危害。

因为"之"字形闪电符号与电之间的联系，澳大利亚悉尼的一座大型公共雕塑选择使用该符号，以使人

博妮塔·艾利的雕塑作品《雷电》，拍摄于2010年的悉尼奥林匹克公园。这座6.5米高的雕塑，或称为《环境信号灯》，在夜间会根据附近社区耗电量而改变颜色，绿色表示低耗电量

们意识到国内能源的高消耗，并鼓励节约能源。2010年，为庆祝悉尼奥运会举办十周年，澳大利亚艺术家博妮塔·艾利受委托，用回收金属制作了一个6.5米高的"之"字形雕塑——《雷电》。澳洲能源公司会对当地社区的夜间能源使用量进行监测，并将实时数据发送到这座雕塑，雕塑上的低照度照明系统会根据能源消耗量显示不同的颜色。这座充当"环境信号灯"角色的雕塑，会从绿色（低能耗）变为黄色（临界点），再变为红色（高能耗），旨在通过这种方式鼓励周边社区改变高能耗的消费者行为。《雷电》在悉尼奥林匹克公园设立了18个月后，迁移到了新南威尔士州的布罗克山永久展出。

在博妮塔·艾利的艺术装置中，有好几个都有"之"字形闪电或"雷电"特征，其中之一就是6米高的钢管雕塑《雷鸣之湖》，俯瞰着越南顺化的水仙湖。这座雕塑会在黑暗中闪烁着光芒，就像"地球的暗夜能量权杖"。这座雕塑的设立是为了反映传统哲学中人类的"四种内在"："雷"代表真谛，"湖"代表本真，"水"代表真知，"火"代表意识。

鉴于"之"字形闪电符号代表一种电气符号，并且闪电关联着力量、速度、迅捷甚至无敌，它已成为常用军事徽章图案，偶尔也会采用闪电束。在个人和很多组织的旗帜、盾牌和盾徽上，也可以见到独特的"之"字形闪电符号。

一些体育队伍采用了闪电符号作为特色图案。自

1992 年成立以来, 佛罗里达州的职业冰球队一直被称为坦帕湾闪电队, 或简称为闪电队。他们的球衣上有一个蓝色或白色的之字形闪电标志, 这在一定程度上反映了人们长期以来的信念: 坦帕湾地区是"北美闪电之都", 尽管这仅仅是基于每年雷暴活动的平均天数, 而不是更精确的测量。

近几十年来, 对于许多小孩和成人来说, 一提到"之"字形闪电符号, 他们就会联想到 J.K. 罗琳《哈利·波特》系列图书中小魔法师哈利·波特额头上的伤疤。书中, 1981 年 10 月 31 日, 邪恶的伏地魔用"杀戮咒"击中了 15 个月大的哈利, 企图谋杀他, 而哈利的母亲牺牲了自己, 使得哈利幸存了下来, 而他的额头上,留下了这道闪电形伤疤。而自从《哈利·波特》系列图书出版以来，在孩子们挨家挨户敲门说"不给糖就捣蛋"时，一种新的装扮就是在额头上画上闪电符号，穿上哈利·波特服装并挥舞着魔杖。

最后的回顾

闪电是自然界最强大的元素之一。人类自存在以来，对闪电产生的情感是最复杂的。在早期文明中，人们起初是依靠闪电点火，从中他们可以收集一根燃烧的树枝来点燃火炉，从而提供温暖，并能够烧水做饭，生存下去。如今，虽然我们不再希望闪电点燃火焰，并且试图限制它引起的野火和点燃的建筑物数量，但闪电仍然在人类的生活中制造恐惧和焦虑。那么一些人可能会问，我们是否能控制和抑制闪电。然而正如所讨论的那样，目前，有效地抑制或消除闪电只是人类未来的理想。

不过，由于闪电对人类、野生动物、环境、建筑、交通、电力供应以及生活中许多领域构成威胁，我们需要进行更多研究，以增加对闪电的认识，并了解如何限制和应对其负面影响。这意味着为了应对雷电危险，我们要继续进行科学研究，获取技术进步，并调整我们的生活和活动方式。在公共意识教育活动中，首先要确保每个人都知道，在雷暴发生时，哪些地点和活动是有风险的。此外，至关重要的是改变人们对闪电的态度，并

大自然令人惊叹的"烟火表演"——得克萨斯州一家酒店大堂上空的闪电

根据天气预报，将那些可能使人们处于危险之中的户外活动安排在相对安全的时间进行。同样，如果这类活动在进行时遇到附近有雷暴形成，则需立即调整活动时间，以便参与者寻求躲避处。

对于某些群体来说，闪电带来的恐惧或焦虑感使人敬畏，而在许多群体中，闪电带来的可能是刺激感。从安全的地方观看电闪雷鸣的雷暴，是令人惊叹的体验。每一道闪电的形状以及在天空中划过的路径都是独一无二的。它变幻莫测，变化无常。每一次云对地闪电的发生都是令人惊奇的：它从云层里产生的具体位置，以及它击中地面的位置，亮度和颜色的差异也是如此。闪电可谓大自然最美的奇观。

得克萨斯州杜马的闪电

得克萨斯州黑夜里的闪电

　　"捕捉闪电"成为许多人的目标并不奇怪。其中一些人被称为"风暴追逐者"，他们寻求与大自然的极限接近，特别是在美国中西部。虽然这些人通常更感兴趣的是拦截强雷暴路径，以拍摄任何可能产生的龙卷风，但是拍摄闪电奇观也算是他们的额外收获。而对于该地区和世界各地的其他摄影师来说，主要目标则是捕捉大自然的"烟火"，分享其无与伦比的美丽和多样性。而对于我们来说，至少不必面对追逐风暴的危险，就可以欣赏到摄影师拍摄的闪电照片。当然，在欣赏闪电之美时，千万不要忘记它的危险。